Ouverture philosophique

Collection dirigée par
Jean-Marc Lachaud et Bruno Péquignot

Une collection d'ouvrages qui se propose d'accueillir des travaux originaux sans exclusive d'écoles ou de thématiques.

Il s'agit de favoriser la confrontation de recherches et des réflexions, qu'elles soient le fait de philosophes « professionnels » ou non. On n'y confondra donc pas la philosophie avec une discipline académique ; elle est réputée être le fait de tous ceux qu'habite la passion de penser, qu'ils soient professeurs de philosophie, spécialistes des sciences humaines, sociales ou naturelles, ou… polisseurs de verres de lunettes astronomiques.

Dernières parutions

Daniel WEYL, *Ecriture et représentation*, 2018.
Jean WAHL, *Lettres à Paul Truffau (1907-1960)*, 2018.
Hélène BOUCHILLOUX, *Spinoza. Les deux voies du salut*, 2018.
Stéphane VINOLO, *Penser la foule : Freud, Sartre, Negri, Girard. La transparence est l'obstacle, II*, 2017.
Faustin LEKILI MPUTU, *Principe de charité et irrationalité, Comprendre les actions et les croyances irrationnelles*, 2017.
Alvaro VALLS, *Kierkegaard, préludes brésiliens*, 2017.
Amara SALIFOU, *Domination technologique et perspectives de libération chez Herbert Marcuse*, 2017.
Pierre-André HUGLO, *Essais de réalisme minimal. Relations, formes, singuliers*, 2018.
Miguel ESPINOZA, *La matière éternelle et ses harmonies éphémères*, 2017.
Dalia FARAH, *L'Amour : voie du bonheur chez Jean Guitton*, 2017.
Alessandro CAMPI, *Machiavel et les conjurations politiques. La lutte pour le pouvoir dans l'Italie de la Renaissance*, 2017.
Robert B. CARLISLE, *La couronne offerte, Le saint-simonisme et la doctrine de l'espérance,* Traduit de l'anglais par René Boissel, 2017.
Jean-Pierre Emmanuel JOUARD, *Passion de la pensée, Lecture de Heidegger,* 2017.

PETIT TRAITÉ
DE LA MONSTRUOSITÉ

5-7, rue de l'École-Polytechnique, 75005 Paris

http://www.editions-harmattan.fr

ISBN : 978-2-343-14792-5
EAN : 9782343147925

Christian Salomon

Petit traité de la monstruosité

Préface de Jean-Claude Beaune

L'Harmattan

Ouvrages du même auteur

Le Sourire de Fantine, Essai de cartographie du corps, L'Harmattan, Paris, 2001.

Le Corps & ses mots. Présentation de la Briefve collection anatomique d'Ambrois Paré, avec translation, Christian Salomon, Pierre Trouilloud, L'Harmattan, Paris 2003.

La Condition corporelle, L'Harmattan, Paris, 2015.

Sous la direction de :

Les Métaphores du corps, textes réunis et présentés par Christian Salomon, préface de François Dagognet, L'Harmattan, Paris, 2004.

François Dagognet, médecin et philosophe, textes réunis par Gérard Chazal et Christian Salomon, L'Harmattan, Paris, 2005.

Marey, penser le mouvement, textes réunis et présentés par Christian Salomon, préface de Marion Leuba (Musées de Beaune), L'Harmattan, Paris, 2008.

Préface

Issu du terme latin « *monstratum* », *le monstre* s'affirme dans une variété qui parcourt bien des domaines et offre de multiples représentations qui vont de l'animal féroce au biologique le plus actuel, du diable et dragon à la malformation et pathologie. Ses qualificatifs « populaires » impliquent le gigantesque, le merveilleux comme l'horrible ou le ludique. Présenté dans un cirque accompagné d'autres curiosités, sa version destinée à l'enfant en fait un « individu » singulier. Une courte enquête sur la question concrète « qu'est-ce pour vous qu'un monstre ? » propose dans ce cadre l'émergence de deux réponses principales : 1) un dinosaure à la mode Jurassik Park ; 2) un robot qui fait tout mieux que l'homme.

Ce n'est évidemment pas sur ce ton frivole que se situe Christian Salomon, philosophe et scientifique, spécialiste de l'anatomie mais également très soucieux de ne jamais se départir d'un coefficient symbolique, sinon mythologique de la « chose », d'une technique de représentations qui oriente et surtout enrichit sa problématique rationnelle, expérimentale, mais qui jamais ne la trahit. Il choisit ses images et sa méthode dans une stricte analyse qui doit aussi tenir compte de l'histoire, des « étapes » et d'emblée l'amène à envisager un *lot de questions* dont il élabore la synthèse, le réseau de sens. Des questions délicates et fondamentales. Celle de l'unité éventuelle des monstres, est-il compréhensible et même dicible, est-il animal ou hybride, prédateur ou sympathique, solitaire ou socialisé, préformé et divin ou hyperbole d'un maximum d'artifices ?

Disons d'abord que, fort de ses travaux personnels dans ses domaines de prédilection (ce qui est essentiel à nos yeux), il ne verse jamais dans le tragique ou le romantique, jamais il ne se risque à fabriquer quelque martien de science-fiction contrairement à la majorité des centaines d'ouvrages portant directement ou non sur ce thème. Le monstre est pour lui une incitation à privilégier le « comment » par rapport au « pourquoi ». Son monstre est *un objet de science* digne de l'« objectologue » que fut François Dagognet, maître de l'épistémologie française, médecin et philosophe (comme Salomon est à la fois philosophe et spécialiste de la médecine), par ailleurs réaliste, matérialiste, encyclopédiste du multiple et qui ne prisait guère la théologie, la métaphysique et même l'idéalisme facile. Après de belles études sur la méthode de Pasteur, physicien et chimiste, Dagognet ouvrit à la philosophie et au « concret de la pensée » un carrefour sur une immense variété de thèmes et de problèmes critiques de tous genres, sans accepter aucune réduction, tout en gardant une prédilection pour la compréhension du *vivant.*

Le monstre de Salomon s'inscrit en partie dans cette philosophie des sciences que Dagognet voulait « active » et se montre ainsi conforme à l'aphorisme que Dagognet prononça et écrivit souvent : *« un ordre règne au fond des choses »* et c'est celui-ci qui servit de socle à sa recherche des monstres, qu'il voulut comprendre de manière plus conforme à Aristote que Platon, à Diderot que Hegel. Le « monstre » de Salomon, attentif à la science de Geoffroy Saint-Hilaire et d'abord de Lucrèce, se veut fidèle à un « plan général » du vivant – mais chez les hommes soucieux de représentations suggestives, en particulier dans les films de Méliès (auquel il rend un hommage très mérité) et de Cronenberg, c'est à un jeu de masques qu'on est ramené et que l'on résume par deux de ses affirmations : « C'est la forme de l'informe (dit Gabriel héros de la *Poupée sanglante* de Leroux). Si nous l'admirons tant ou la haïssons, c'est parce que cet « informe » est sûrement la partie la plus intime et la plus radicale de notre être ». Mais l'ordre malgré tout règne au fond de ces choses et c'est le pari de Salomon que d'en fournir les épreuves comme un négatif de la bobine ou une image du miroir obligatoirement fausse car la gauche est à droite. Ce n'est pas « cet objet » mais son double, comme la pipe de Magritte, qui nous parle. Autrement dit, ce monstre-là, déjà techniquement élaboré, « travaille » son objet mais jamais ne l'oublie. Salomon confirme ce jeu de rôles et de masques : « On construit l'autre absolu pour s'en distinguer ». Il parle ici de fonction humaine bien plus que d'être majeur et devenu un prétexte ou un fronton. C'est le « matiérisme » à la Dagognet qui inspire donc Salomon en sa morphologie constructive car l'anatomisme qu'il revendique et expérimente n'est pas un pur concept théorique.

Il fallait trouver un « langage » du monstre car, en cette anthropologie, c'est son discours métaphorique qui nous trace des pistes où nous pourrons évaluer des repères et des « mises en scène ». Or avant toute « structure analytico-synthétique », c'est l'histoire et ses variantes qui nous arrivent, non sans quelques contingences d'ailleurs, certaines exagérations, pas mal de ritualisées et quelques « sagas » de l'extraordinaire. Nuançons un peu : admettons, en tout anachronisme, qu'un monstre n'est déjà qu'une image monstrueuse syncrétique, où cela nous conduit-il ? L'art et le style de vie des civilisations antiques, chacune en sa culture, sont nourris de figures ou statues que nous avons tendance à nommer « monstres ». Les ruines et les déserts, les deltas, les collines, les villes en genèse en ont fait de puissants symboles. Le Sphinx égyptien est un hybride de choix, les dieux à la mode grecque athénienne raffolaient de mythes et de statues, d'incestes et de viols, de parentés suspectes. Déjà, Ulysse se confrontait à des hommes et des femmes qui ouvraient les portes des naufrages et des enfers, pratiquaient aussi des tendresses et des colères. Grande justification pour s'adonner au plaisir bestial comme à une normalité et finissaient même, si on peut dire, par donner au visage de Socrate des traits presque inhumains. Méliès a voulu refaire « son » Odyssée et ce mythe reste si puissant qu'une grande quantité d'auteurs, romanciers, philosophes, utopistes, des metteurs en scène de cinéma et même des musiciens et des peintres ont voulu prendre le relais. Ainsi, certains détails odysséens avec leur contingent de mini-monstruosités flottent autour de nous, en nous, simples mais présents et c'est un « ordre des choses vues comme des signes » qui peut nous les mettre en écho. Les premiers archéologues aventuriers et classiques sont vite parvenus à un double déchiffrement (l'écriture et l'hybride) avant d'avoir trouvé les sources du Nil. Les militaires à la Napoléon en ont ainsi fait des empereurs momifiés, les missionnaires à la Cortès des dieux quelque peu hérétiques. Mais les hommes des cavernes, vingt ou trente mille ans plus tôt coloraient des gibiers apostats, leurs dieux devaient se préparer leur gibier. Et Lucrèce disait qu'il fallait accepter notre androgynie (également erreur de la nature) et insistait sur le fait très réel et décisif qui veut que les *monstres n'aient pas de descendance*, ce qui ainsi les déshumanise. Pline, avant Gulliver et ses deux humanités, voulait qu'ils soient des géants ou des minuscules – et déjà la série des représentations était en marche. Mais alors, aurait dit Dagognet, s'agit-il du même « objet » ? Est-il venu jusqu'à nous, à Spielberg et Crichton, à la vidéo des familles sous ces impératifs ? Doit-on les oublier comme les pauvres et les malfaisants, les réduire en femmes si possible mauvaises et tacites mais colériques ? Mais Hugo, fier de Quasimodo, Salomon nous l'affirme, dit qu'en lui il y a le meilleur de l'humain. Au temps des Dracula, Frankenstein, Mr Hyde, de Faust qui pactise avec le diable et bientôt de Jack l'Eventreur, on ne peut pas refuser l'initiatique modernité d'une foire aux serial-killers.

Le mot « monstre » nous interroge encore malgré son évidence un peu *raide*. Le monstre est une forme, la monstruosité une qualité, les monstres sont des entités et c'est une des efficacités pragmatiques du monstre que de couvrir à sa manière et à lui seul trois acceptions majeures : objet anatomique, qualification « pédagogique » et encore iconographique, plongée dans ce qu'il faut savoir, non seulement par attirance médiévale mais par actualité chirurgicale. Il a parcouru les trois stades et rien n'impose à un travail soigné d'en oublier un. Les diables, objets de châteaux et de campagne d'abord, ont fabriqué des sorcières dont le plus grand privilège social fut de les voir chrétiennement brûler en une fête populaire et pas du tout sinistre. Nous sommes des incroyants qui cherchons nos racines spirituelles : mais quel est le milieu où s'élabore la flamme ? Que savons-nous vraiment ? Le monstre est aussi qualificatif du bois sombre, des ruelles criminelles ou des ghettos. Il est un gros loup garou plus tard médiatisé en son mot même désignant un génie inné, une vedette gueularde, un sportif formidable, un homme politique adoré et un bon criminel au centre de mares de sang, doté d'une conscience absente, même au procès où il reste impassible. Voici enfin un monstre de bonne tenue, digne de la *Poupée sanglante* de Gaston Leroux qui ne nous ouvre pas le monde merveilleux de Méliès malgré toutes ses habiletés. Se référer à son texte, comme on doit le faire, me laisse sur une déception sans doute injuste. Mais lors de mon propre travail sur l'automate et ses raisons, ses histoires et folies, j'ai vu passer et repasser des machines en jaquemarts temporels puis en cybernétique pour ne pas devenir moi-même un smartphone. Salomon le dit à mon sens très bien mais pas assez critique : chaque monstre possède sa temporalité de présence, d'exigence, de ridicule, celle qui nous détache de notre horloge pas seulement par artifice mais parce que c'est ce qui le distingue du « naturel », car le monstre est cosmique, galactique. Notre relation à la Mort est par lui non pas grivoise ou même ésotérique mais *indispensable comme un pôle Nord.* Tout homme, quel qu'il soit ne meurt pas : il crève, il pourrit, il devient cadavre. S'il est vivant mais pauvre, on nous dit qu'il ne lui reste « que les os et la peau » sans autre substance que cet anonymat.

À ce point sans outrance matérialiste et quels que soient les accompagnements, le « monstre » devenu radicalement instrumental me place en une alternative : d'une part, il y a une « instruction » de l'anatomique et surtout du « mécanisme » qui nous ouvre des mondes morphologiques avec des outils, des lasers, des IRM et des langages spécialisés et cohérents.

D'autre part, et c'est ce qui fait alors le meilleur de l'engagement anatomique et philosophico-scientifique de Salomon, il lui faut analyser et construire la condition « interne » du monstre avant de pouvoir comprendre ses mouvements comme le fait É.-J. Marey qui analyse des mécaniques du cheval au trot, de l'oiseau qui ouvre ses ailes et construit des machines exploratrices débouchant avant les frères Lumière sur un cinéma d'avant-garde. Dans cette optique et lignée, Salomon a choisi la porte la plus étroite pour « aller jusqu'au plus profond des choses vivantes » : on est des os avant d'être des tuyaux, des cancers, des ligaments, des beaux parleurs et des mangeurs, de la chair, des fauteuils roulants et des morts sans recours. C'est là l'ultime démocratie. C'est notre condition *pré* et *post mortem* et on reconquiert ainsi notre anatomie osseuse initiale après être passés, dans le meilleur des cas, par la dissection et l'animalité fidèle mais baroque. Aragon nous prend pour des idiots poétiques, il nous faut moins que rien pour que Cézanne creuse son trou et que Mozart devienne de la chaux vive. En les qualifiant ainsi, il en a fait des monstres à notre petite enseigne, pire que les monuments aux morts de 14-18. Le monstre qui est par définition

« surprise » doit se faire une personne. Il va en faire tout un cinéma. La volonté d'analyser Méliès, un des fondateurs du genre, Cronenberg et son « Crash » nous persuade que Salomon ne choisit pas ces thèmes au hasard. La bobine de cinéma définit elle-même un mouvement mécanique, sensitif par le son et l'image, qui parle au spectateur des salles obscures, où lui-même est rassuré mais aussi violenté par le discours et l'iconographie. Il est vrai qu'il peut se sentir seul dans ce monde opaque où les fauteuils sont rangés comme des militaires, où c'est son ticket qui lui donne l'autorisation de pénétrer dans l'estomac de ce monstre. Quelques metteurs en scène ont pris cette nuit au sérieux, ainsi Woody Allen qui veut permettre à l'image de l'écran d'entrer en salle pour solliciter concrètement le spectateur. Chaplin avait aussi longtemps refusé de trahir son langage corporel, gestuel et ridicule. Mais dans les « Temps modernes », obligé de remplacer la vedette absente, il danse en chantant des borborygmes et valse en garçon de café bousculé de toutes parts comme si le langage du cinéma n'était pas le premier dans la liste iconographique de ce théâtre social qui est aussi une histoire d'amour.

Méliès, créateur et illusionniste, porteur de procédés techniques et anatomiques, ouvre une porte sur la dualité mécanique des langages devenus des lumières. User comme référent littéraire de l'automate de Leroux (*La poupée sanglante*) interroge également une question critique : le monstre peut-il mourir, peut-on le tuer ? Bogdanov et Wolff répondent, chacun à sa façon. Le premier en vampire stalinien qui veut qu'un camarade puisse se faire injecter le sang d'un autre pour vieillir encore plus longtemps, c'est un mode de vampirisme social qui ne cache pas un souci d'éternité (qui hante tous les tyrans fascinés par leur pouvoir et leur miroir extrêmes) mais ressuscite aussi nos démons, nos diables, nos chauves-souris et tous les Dracula des caves et greniers. Le sang séché a disparu quand le cochon est devenu jambon, après qu'il fut pendu par les pieds pour être éventré très soigneusement, de manière strictement anatomique. Le rapport à l'animal en sa diversité, mais avec des préférences, n'est jamais totalement éliminé même dans les meilleurs artifices. Wolff introduit dans la pensée bio-anatomique une bio-physiologie soucieuse de l'embryon de laboratoire qui prend sa place et sa vivacité dans la Vie dynamique, plutôt entre la vie et la mort. Nous sommes également entrés dans la science qui le dit comme son objet unique, son guide de lecture et de trajet du sens, un nécessaire anatomisme qui doit saisir et démonter le ressort de son énergie, le « fabriquer » comme sa pièce première et dernière. Salomon affirme : « Nous sommes bien loin de l'art du collectionneur se contentant d'accumuler les pièces ». Et encore : « La tératogénèse s'instruit donc de ce qui diffère d'une norme qui reste relative et peut ainsi mieux saisir cette dernière ». La rationalité conceptuelle et la fiabilité expérimentale du « pathologique objectif » engendrent des arguments positifs pour la connaissance et, pour résumer : « La relativité de la norme en biologie est en effet le principe d'évolution des vivants ». Darwin n'aurait pas refusé la phrase même si, entre évolution et variation, la synonymie n'est pas parfaite. Si le pathologique naturel et artificiel laisse planer quelques doutes que Salomon ramène de manière pertinente au milieu du monstre, à son environnement : le langage du monstre n'est jamais celui d'une unité totalement dicible, explicite. Il faut toujours se méfier des immenses questions tenant à son identité claire et distincte posée au début de ce texte, à celle de l'Unité du monstre : l'Âme opposée au Corps, le Bien au Mal. Mieux vaut par le monstre faire appel au profit relatif du corps, donc à certaine nécessité de l'insertion « matiériste » à la Vie et à une percée incomparable dans l'humanité tout court car il en est un catalyseur, un révélateur, un démonstrateur et même un croque-mort.

De la manière la plus exemplaire, on s'essaie à la rationalisation de la tératologie anatomique et organique. Il faut nécessairement accepter quelque histoire récurrente de la science, comme le voulait Bachelard et noter ses points forts. Vient alors Ambroise Paré, barbier-chirurgien déjà bien exploré par Salomon en d'autres textes, observateur et anatomiste pertinent qui fut en la matière un authentique « savant ». Puis, sans oublier les apports de Vésale, Vinci, ni de Descartes, la perspective changea considérablement. Les Geoffroy Saint-Hilaire père et fils, gouverneurs des Lumières, centres épistémologiques de ce débat, devinrent « modernes anatomistes ». Nous sommes au temps des classifications, des systèmes composés de genre, espèce, embranchement et « individu », de l'ordre qui entre dans ces arbres. Le père, Étienne Geoffroy Saint-Hilaire, élève de Cuvier avec qui il se fâche pour des histoires de « crocodiles », d'abord classificateur des montres (1820) s'affirme ensuite comme un grand morphologiste. La science tératologique est rapportée à un « plan de la Nature » qui, malgré quelques souvenirs taxinomiques, semble à coup sûr inclure les monstres, même si ceux-ci ne sont pas toujours très bien définis. Sa préoccupation seconde concerne davantage sa philosophie assez différente de certaines autres de son époque par ses volontés épistémologiques cohérentes.

Son fils, Isidore Saint-Hilaire, qui l'estime fortement, entre dans ce système. Il revient alors inexorablement à la classification de son père mais de manière bien plus systématique, même si la référence morphologique n'est pas absente : sa nomenclature comprend les autocites, les omphalocites, les parasites. Dans la seconde famille, tenant à la « tribu 1 », on trouve les « acéphales » (sans tête), assez intrigants. Il classe ainsi non par arborescence mais par

« malformations », informités et différences ce qui peut poser quelques difficultés dans le regroupement rationnel. Notons que les spécialistes de la dégénérescence à la fin du XIXe siècle (dont les deux Bertillon, créateurs de la police scientifique à partir de précises données corporelles) avaient retrouvé l'esprit de cette pratique. Elle est loin d'avoir disparu de nos préjugés et de nos polices du faciès. De manière plus approximative, si un monstre est en la plus simple acception vitaliste, s'il est donc fondamentalement *singulier* : peut-on seulement le classer, sinon le montrer aux muséologues ou l'exposer dans des « cabinets de curiosités » très en vogue ? On trouve des frères siamois qui interrogèrent les évêques : qui baptiser, l'un ou les deux ? Ce à quoi ils se rangèrent.

Arrive Leibniz pour qui le monde est fait de signes, de monades et d'une « totalité ». Dans la *Monadologie* (§ 67), il affirme : « chaque portion de la matière peut être conçue comme un jardin des plantes, et comme un étang plein de poissons. Mais chaque rameau de la plante, chaque membre de l'animal, chaque goutte de ses humeurs est encore un tel jardin ou un tel étang ». Et pour préciser de manière encore plus forte : « Le corps appartenant à une Monade, constitue avec ce qu'on peut appeler un Vivant et avec l'âme ce qu'on appelle un animal. Or ce corps d'un vivant ou d'un animal est toujours organique ; car toute monade étant un miroir de l'univers à sa mode, et l'Univers étant réglé dans un ordre parfait, il faut qu'il y ait un ordre dans le représentant, et dans les perceptions de l'âme et par conséquent dans le corps, suivant lequel l'ordre y est représenté. » Ainsi : « tout corps ressent de tout ce qui se fait dans l'Univers ». Chaque morceau de l'Univers, y compris évidemment le Monstre, autant que chacun de nous, est, même infime, un miroir de la totalité. Dagognet pensait en athée qu'un ordre se tient « au fond des choses ». Le monde géologique et viscéral, anatomique est là. Est-ce également la vision d'Artaud dans son *Théâtre de la cruauté* pour qui globalement l'Univers est amoral et même atemporel, mais humain ? Quand Martin se demande si « les monstres sont des hommes », Hugo, même un peu rhétorique, répond à distance que leur « humanité » est exemplaire. Encore plus sceptique sans doute, Salomon, en une conclusion relativiste mais peu optimiste, dirige alors sa « science » vers une mécanique de la superstition, de la délation, de l'a-information qui est au moins bâtie de nos *possibles*, et de nos ignorances. *Le monstre n'est peut-être pas où on le pense.*

Christian Salomon parcourt ces divers itinéraires (et on en a oublié bien d'autres de sa plume) avec précision, amour de la science biologique morphologique, anatomique, sa spécialisation médicale première, mais aussi beaucoup de hardiesse symbolique. Ce qu'il élabore sans perdre aucune cohérence, avec le mérite supplémentaire de nous faire mieux connaître des scientifico-techniciens, des inventeurs, des explorateurs des mouvements de la vie, pour lesquels le monstre peut ainsi se présenter comme le négatif photographique, mais aussi comme un miroir brisé et sans rien perdre de lui-même. Le monstre est un monde plus riche en ses « sens » qu'un théorème ou même un hottentot dont Saint-Hilaire considérait que son visage n'était que celui des Orangs-outangs. Il faut beaucoup de peine pour se convaincre soi-même de changer de cap, de regarder l' « autre » quel qu'il soit *avec honnêteté*, de refuser certaine éducation et opinion publique *sommaires*, *certaines justice et police exigües*, certain art et *artisanat commerciaux*, certaine spiritualité inquisitoriale, certain « humanisme hypocrite ». Ainsi, les monstres, plus que le monstre, nous attendent au carrefour. Comme le lapin blanc de Lewis Carroll, nous courons comme Achille pour rattraper la tortue de Zénon d'Élée mais nous n'y arrivons pas car il faut toujours passer par la moitié de la distance qui nous reste pour y parvenir. Moi, si je voulais l'image d'un monstre authentique, identitaire, je prendrais le cancrelat de Kafka qui se métamorphose et crève sans bruit, ignoré de tous en son humanité devenue animalité en conserve. Le monstre ne se reproduit pas, c'est son inhumanité, le mort non plus. Sa solitude et son silence sont ses meilleurs attributs.

Pour conclure, je pense que ce texte de Salomon est finalement un *texte politique* malgré ses apparences scientifiques, historiques et symboliques. Il est pris dans un univers sauvage auquel il est devenu utile, génie ou handicapé (c'est un cas que j'ai oublié), pragmatique. Son pouvoir métaphorique est intense dès qu'il s'objective de manière paranoïaque dans sa figure, sa propagande, sa mystique. Quel qu'en soit la forme, le modèle, le simulé, le corps-monde que l'on peaufine et raffine, que l'on oblige à se restreindre pour se sentir en meilleure sécurité, qui court après son ombre comme en un footing à oreillettes, ne nous laisse plus béants ou béats, mais dépendants d'une prohibition bien léchée qui nous met en scène et en massacres dignes d'Al Capone mort dans son lit. Jamais on n'a tant bu que lorsque c'était interdit et fumé en se cachant même si tous nos paquets de tabac nous mettent face à face avec des anatomies hideuses et des catéchismes insalubres en une sombre morale intestinale ou « *monstrative* » des déchets en couleur. Car l'anatomie est ici alerte comme pas souvent, prescriptive (cette fois pathétique), éthique et tragico-comique. On finit, si on a mauvais esprit, par fabriquer des ordres monstrueux et géomètres, des carnavals crucifiés, des Falstaff de caoutchouc par des pneus bouffis et dont le ventre tient la petite tête. C'est un coup de génie de la famille Michelin qui, après avoir humanisé son bouffon, donne des étoiles aux grands cuisiniers, mais aussi les retire. Ce double, triple jeu de pouvoirs historiques et post-industriels, conservateurs, publicitaires, médiatiques, imaginaires nous fabrique, dans une durée plus que centenaire, des dinosaures sympathiques en leurs crocs millénaires comme ceux de nos chats et des robots sans fil mais mécaniquement ésotériques comme une voiture ou un aspirateur sans chauffeur. Il existe une tératologie à notre mesure, très calculée, qui fait des grands mécanismes des inconnus moins chers que d'autres. Le monstre est ainsi parmi nous et il nous suggère notre métamorphose des dépendances et des exaltations.

Nous ne le voyons plus beaucoup, cédé qu'il est à ses journaux, ses vidéos et ses populistes. Mais si ce petit monde est cohérent, c'est d'abord aux *enfants* qu'on touche et qu'on retouche. Ils portent de fortes envies, de beaux désirs bourgeois et même des utopies des pauvres. Le monstre s'est fichtrement normalisé sans passer par les hôpitaux et les laboratoires, Foucault l'avait prévu car le consumérisme est un poulpe, un monstre cannibale et culinaire. Noël est partout en ce monde tatoué et les femmes sélectionnées pour leur public à la TV, où l'homme est un dragueur à lunettes noires, un demi-sel ou un fonctionnaire cocu de son vide, n'ont pas l'air de bien s'amuser. Ces individus sont à la fois des portraits familiaux et des amis chers, mais l'enfant est la pierre de touche du commerce. Il n'y a pas un discours fabuleux, tragique, subjectif ou même pédagogique dans ce Casimir du *Jurassik* des foules. Celui qui hante ma première question.

C'est un fait : le « monstre » que nous reconnaissons à notre échelle, confirmé en des espaces et des temps que nous avons apprivoisés (même si ceux des « vieux monstres » *existaient dans leur tradition*) a *fait proliférer les jouets* et substitué le commerce mondialiste et capitaliste aux brasiers des sorcières ou à des systèmes plus laïcs, *il s'est posé sur* la « frontière » de nos vies trop longues. Le monstre était un nom, il devint une image, un imaginaire exploité par notre fantaisie vidéo et nos vieux dédaliques recyclés et vendus comme des petits pains. Qu'est-ce que le « monstre aujourd'hui ? On posait la question dès le début. Hors toutes ses prouesses technologiques, ses imaginaires prolifiques mais sériels et populaires, ses cosmologiques ou nanologiques intuitions et thérapies dont nous ne savons rien, le monstre est un vieux bonhomme barbu et SDF. Il erre sans savoir comment. Rien à voir avec la hyène, le tigre, la baleine blanche. Il n'est plus au *Livre de la jungle*. Le monstre parlera, a parlé, parle non de manière linéaire et chrétienne mais à *l'horizontale*. Il choisit ses éternels retours en s'appropriant *l'horizon et l'écho de notre science et de notre philosophie, il est une frontière et un carrefour, il est toujours là quand on le détourne, le transfère, le classe, l'exploite, le vend, ainsi de suite.*

Le monstre est un mal-élevé, un insalubre du sexe, un résistant issu du savoir, de la morphologie, de la matière dont il détient ainsi la carcasse comme une empreinte scientifique de la raison analytique la plus distinctive, la plus osseuse et la plus rigoureuse des formes. Il peut cacher certaine difformité qui se niche dans le moindre détail et va produire une archéologie de l'osselet si ce n'est une généalogie des quarks. Il est notre médecin légiste du corps mais le cerveau et ses esprits animaux devenus des fractales ne peuvent vraiment y échapper. Leibniz, qui ne pensait pas la mort comme une « rupture » mais comme une certaine durée sommeillée l'a dit : l'homme *est une totalité, non une universalité*, une combinatoire, non un cartésianisme. Mais parler du monstre en sa représentation, donc analyser toujours un archétype en une temporalité des artifices, *c'est parler du parler* du monstre. C'est citer Bacon. Il faut faire du monstre un objet de mémoire, puis un objet de science, puis un trait d'imagination. Rien n'échappe à cette enflure devenue enclave du sens mais qui ne déroge pas à sa forme vitale quand l'anatomie devient le temps oblique, car chaque monstre porte avec lui son temps qui n'est jamais tout à fait le nôtre. Le monstre de Salomon qui semble prendre l'homme par le *possible*, lui a conféré des spectacles et des sciences sans pathétique, sans utopique ou apocalyptique – ce qui est une sacrée purge pour la préhension de nos réductions et répétitions convenues ou autistiques. Le monstre qui nous est pratiquement aussi inconnu qu'au début de ce texte ne nous a appris ni des merveilles ni des hideurs, des subjectivités ou des apocalypses – justement, Salomon a su nous écarter de ces hyperboles parfois en retournant leur verbalisme.

Mais le monde du monstre est devenu notre miroir scientifique et technique. La raison, pas obligatoirement scientiste, devint ainsi notre miroir enrichi par le négatif de la bobine mais aussi par des lieux et des milieux où ce monstre nous parle de ses métamorphoses invitées par le cinéma et le laboratoire, par la science théorique et expérimentale, par la découverte des images souvent plus conventionnelles encore que ses romans, par ses versions corruptives. C'est en sa figure de bête difforme ou de handicap aux bonnes toilettes que l'on peut, avec quelque patience, nous voir en rêve. Alors, le monstre peut-il vraiment nous faire rêver scientifiquement ? C'est la leçon de Christian Salomon : on peut faire de « notre » monstre des usages de tous nos sens. On peut retourner notre temps sans détruire le sien, on peut et on doit tenter de le saisir et plus, de l'analyser. C'est nous qui lui parlons en corrompus de tous les pouvoirs. Mais comme dit Hannah Arendt, comme l'a dit Spinoza, un pouvoir sans savoir, y compris celui que nous disons, ne doit rien refuser par principe : *l'autorité* de la science doit se situer en sa philosophie, et celle-ci ne peut être tranquille. Le monstre, naturel ou virtuel, nous violente et nous interroge par la *frontière* qui est la sienne, par la vie et la mort.

Jean-Claude Beaune,
Professeur Honoraire de Philosophie.

Introduction

« Une espèce de déperdition constante du niveau normal de la réalité. »
Antonin Artaud, *Le Pèse-nerfs*.

Cet ouvrage aurait pu être pensé comme celui d'un collectionneur. On y aurait alors trouvé de nombreux corps et chaque singularité aurait été exemplaire, voire édifiante. De légères imperfections ou d'horribles mutilations font de notre corps un miroir fidèle de notre âme ou, bien au contraire, peuvent donner une image qui la dissimule, ou encore la caricature. C'est du moins en ces termes, que la plupart du temps, on a pu interpréter ce corps-monstre en consacrant le dualisme de l'âme et du corps. Et puis, il y a l'incroyable diversité du corps monstrueux, ses multiples formes. Alors les hommes confrontés à cette diversité ont dressé des collections. Que faire d'autre ? Des collections savantes où le médecin cherche à soumettre ce corps à un discours rationnel. Cela mettra du temps. Ce sont aussi des collections beaucoup plus spectaculaires dans lesquelles le classificateur obéit à d'autres désirs plus pressants, d'autres lubies personnelles et esthétiques : littéraires, foraines, policières, théologiques mystiques et enfin, pourquoi pas, phénoménologiques[1]...

Tout cela ne peut donc pas être ignoré et c'est pourquoi, dans un premier temps, nous allons retrouver la démarche du collectionneur, non pour lui rester fidèle, mais pour la

---

[1] Dylan Trigg, *The Thing. Une phénoménologie de l'horreur*, Éditions MF, 2017.

dépasser. Elle reste ainsi une première étape nécessaire qui permet de collecter le matériau de notre pensée, c'est-à-dire le monstre qui se présente déjà comme l'œuvre de la nature, une œuvre inquiétante, incomplète ou exubérante, mais bien réelle. Nous pourrons alors revenir sur la lente quête d'une médecine qui cherche à rationaliser l'exceptionnel, le hors norme. Les médecins cherchent en effet à faire sortir ces aberrations du seul domaine de l'exhibition foraine où elles semblaient condamner à rester. Ambroise Paré et la famille Saint Hilaire jouent là un rôle essentiel. Nos deux premiers chapitres cherchent ainsi à définir ce que peut être le statut épistémologique du monstre. Grâce à la science, il obtient un statut rationnel et constitué qui l'éloigne du seul spectacle.

Puis, nous nous intéresserons dans le troisième chapitre au corps-monstre que l'homme cherche à créer lui-même. Nous rencontrerons tout d'abord *La Poupée sanglante* de Gaston Leroux qui hante les récits du roman feuilleton, pour ensuite nous arrêter sur d'autres corps plus inquiétants : ceux qui appartiennent aux utopies du début du XXe siècle, utopies apparues en Union Soviétique avec les savants Bogdanov et Ivanov, deux véritables démiurges rouges au service de la révolution bolchévique. Bien étranges utopies que celles-ci, puisque certaines ont connu un début de réalisation cherchant à les faire sortir de leur non-lieu, à les inscrire dans l'espace et le temps bien réels d'une politique révolutionnaire qui se donnait pour objectif de régénérer l'homme.

Ce chapitre indique ainsi que le monstre n'a pas que le seul statut épistémologique reconnu par la médecine, mais également un statut politique. Nous verrons alors que le corps du monstre participe à l'édification de différentes normes sociales, économiques et qu'il peut ainsi aider à façonner un homme nouveau, celui de *l'homo sovieticus* (*L'Étoile rouge* de Bogdanov) ou annoncer les improbables chimères d'Ivanov. Mais ce corps monstrueux n'est jamais très éloigné du merveilleux, plus il le côtoie, il est aussi capable d'être un idéal de beauté plastique comme le montre Gabriel, le héros malheureux et amoureux de *La Poupée sanglante*.

Cette incursion dans la littérature de Gaston Leroux et l'utopie (qui est déjà un genre littéraire) avec ses projets qui débordent aux marges du réel dans les réalisations des savants soviétiques, nous invitent alors à faire du monstre et de son double – le merveilleux – un sujet à part entière pour le questionner. Afin de ne pas nous perdre dans les collections évoquées auparavant, il est nécessaire de définir un champ d'investigation et de s'en tenir à quelques monstres et merveilles significatifs, non pas dans le seul souci de la taxinomie, mais dans celui de l'analyse sur ce que le monstre et le merveilleux peuvent apporter à une réflexion sur le sujet humain. Il nous est alors apparu intéressant de confronter les merveilles et les monstres à l'invention majeure que fut celle du cinématographe.

Dès ses origines, le cinématographe propose différentes techniques (effets spéciaux) qui permettent aux cinéastes de nouvelles possibilités de création dans lesquelles leurs imaginations débridées pouvaient presque tout s'autoriser. Ce qui donne indéniablement matière à notre raisonnement puisque nous plaidons en effet pour la thèse que le monstre est aussi (surtout ?) celui que l'homme construit lui-même. Il y a longtemps que nous avons confisqué à la nature cette exclusivité. L'idée est donc de préciser ce que l'homme doit à son corps et surtout à ce corps monstre qu'il façonne grâce à des dispositifs techniques. Que cherchons-nous vraiment en repoussant les frontières communément admises de la normalité ?

Ce choix du cinéma n'élude pas le risque de la simple collection. Il peut même inviter à un vaste recensement qui n'aurait de valeur qu'encyclopédique. Nous avons alors choisi de partir du principe que l'analyse perdrait en efficacité au détriment de la seule collecte. Cette dernière aurait toute sa place avec son exhaustivité dans une histoire du cinéma. Tel n'est pas notre but. Nous avons donc fait un choix dans la vaste production cinématographique et avons retenu deux noms pour mener à bien cette analyse : le cinéaste français Georges Méliès et le canadien David Cronenberg.

Georges Méliès est ici présent en tant que pionnier du nouvel art cinématographique et parce qu'il conjugue tout à la fois les monstruosités (le cyclope Polyphème) et le merveilleux (« Cendrillon ou la pantoufle merveilleuse »). Méliès donc, parce qu'il revisite les grands mythes de l'humanité (l'*Odyssée*), les rêves de la science-fiction (« Voyage dans la Lune ») et qu'il réalise une subtile alchimie soulignant les rapports très étroits, si ce n'est nécessaires, entre ces deux contraires complémentaires que sont le monstrueux et le merveilleux. Avec Méliès, c'est un retour aux sources de l'illusion et de l'enchantement. Le cinéaste déploie son talent dans cette nouvelle technique pour faire peur ou bien alors subjuguer par la poésie des émotions.

Le choix de David Cronenberg s'est ensuite imposé car le cinéaste canadien a développé une véritable pensée sur le corps. La question du corps est au cœur de son œuvre cinématographique – sans oublier son roman *Consumés* –. Il y montre son intérêt pour toutes les formes d'art et disciplines se livrant à une analyse du corps et de ses multiples possibilités. Ce n'est d'ailleurs pas par hasard que dans l'épilogue de notre précédent ouvrage, on distinguait déjà l'œuvre de Cronenberg et plus particulièrement son film « Crash ». C'est Cronenberg qui fait lien entre ce texte consacré aux monstres et merveilles et *La Condition corporelle*[2]. Dans ce dernier ouvrage, il s'agissait de définir ce que nous nommions le « corps sujet » par opposition au « corps objet ». Nous cherchions à montrer que l'unité de l'âme et du corps est inéluctable et que le dualisme est toujours une impasse. « Nous sommes corps » affirmions-nous et cela nous avait amenés à recenser des corps en situation – celui du sportif dans un stade, du lecteur dans une bibliothèque, du militaire à la manœuvre, et d'autres encore… – pour mieux mieux souligner le rôle essentiel du corps dans la construction du sujet pensant, inaliénable de son corps.

Depuis, le besoin s'est donc fait ressentir de revenir sur d'autres corps fictifs ou réels, des corps monstrueux ou considérés comme tels, mais qui toujours nous parlent de notre humanité, de notre réalité et ainsi de notre « condition corporelle ». Nous devions alors réserver un sort spécial au corps-monstre, car il est pour nous un élément essentiel de notre humanité. Plus précisément, ce corps permet de saisir notre attitude vis-à-vis du mal, le monstre ayant toujours été associé au mal et au malheur. Cela peut d'ailleurs expliquer cette étrange fascination exercée par son double qu'est le merveilleux parfois tout autant inquiétant que la figure du mal.

Le mal n'est pas un objet comme les autres : il parait insaisissable et pourtant, il est partout. Singulièrement, il s'est toujours incarné dans le corps-monstre et a pris ainsi une épaisseur qui lui a fait intégrer le monde matériel. Le mal est devenu alors palpable. Ce mal, qui est craint et vu comme une fatalité, devient repérable. Mieux encore : cela donne l'occasion de décharger l'homme honnête et de bien que nous sommes de toute responsabilité dans la genèse du mal. Le monstre est là pour nous dire que c'est lui qui fait le mal, qu'il incarne le mal et qu'il transmet le mal. Bien

---

[2] Christian. Salomon, *La Condition corporelle*, L'Harmattan, Paris, 2015.

que nous ne soyons jamais sûrs face au mal, nous avons là un corps qui nous permet de transférer nos peurs et surtout de nous représenter l'origine du mal en dehors de notre humanité normale sinon bien-pensante. Ainsi, le monstre est pratique, inquiétant, situant le mal, lui donnant des contours. Surtout, il permet de placer autour de lui ce qui lui fait opposition : ce qui est bien. Cette capacité à situer le mal est essentielle. C'est pour ainsi dire donner une essence au mal, ce qui, philosophiquement, n'est pas la moindre des gageures. Alors cela parait tentant de donner cette responsabilité au monstre, de l'éloigner de nous, de nous en acquitter une bonne fois pour toute. *Vade retro* !

Repérer la présence du mal en le détachant de nous serait donc une des vertus non négligeables de l'être monstrueux. Ce qui est encore plus rassurant et commode, c'est qu'il est entre tous reconnaissable avec ses difformités physiques. On peut alors s'illusionner dans notre repérage du mal, dans notre entreprise de circonvolution du mal. À l'instar du monstre du Dr Frankenstein, le mal serait ainsi cerné avec l'espoir de pouvoir en finir avec lui. Du moins, c'est ce que l'on croit. Singulière bataille qui s'engage ici et qui confond le mal avec sa manifestation. Tout cela est bien entendu trop simple car le monstre n'est pas toujours le messager du mal. Il n'est pas nécessairement le dispensateur de la souffrance redoutée et confondue avec le mal lui-même. Le monstre a sa propre humanité, sa propre souffrance et est lui aussi une victime du mal lorsqu'il est chassé, cerné et exécuté. Confusion des masques : on prend le monstre pour ce qu'il n'est pas alors qu'il n'est que le miroir de nos propres peurs.

Comme nous le verrons, le merveilleux agit de manière assez semblable. On peut s'extasier devant un monde merveilleux sans prendre conscience que celui-ci a tôt fait de virer au cauchemar et de nous dire une nouvelle fois que nous ne devons pas fuir nos responsabilités. Alice et les personnages qu'elle rencontre durant ses aventures au

« Pays des Merveilles » seront précieux pour nous enseigner cela. Là encore, dans le miroir qui nous est tendu, c'est l'humanité elle-même qui doit se contempler et qui est invitée à estimer la vanité de son orgueil.

C'est pourquoi le travail d'appropriation du monstre par les sciences médicales et biologiques, puis par les artistes, est un acte décisif. Loin de la collection qui met à distance, ce travail permet de retrouver tout au contraire ce qui est profondément humain dans le monstre. Manière plus lucide de se confronter au malheur, à la souffrance et *in fine* au mal lui-même, en cherchant pourquoi il est là, après s'être interrogé sur ce que peut-être le mal au travers de la description de la monstruosité. Ce sera donc déjà par une brève « histoire du monstre » que nous débuterons cet ouvrage qui, loin de la seule collecte, cherche à définir le monstrueux.

1

Petite histoire du monstre

Une quête rationnelle

« Ils n'ont pas à porter leur face
Comme un supplice. »
Guillevic, « Les Rocs », in *Terraqué*.

À tout seigneur tout honneur, nous allons commencer par celui qui serait en quelque sorte le « prince » des monstres.

« Qu'on se figure une série de visages présentant successivement toutes les formes géométriques, depuis le triangle jusqu'au trapèze, depuis le cône jusqu'au polyèdre ; toutes les expressions humaines, depuis la colère jusqu'à la luxure ; tous les âges, depuis les rides du nouveau-né jusqu'aux rides de la vieille moribonde ; toutes les fantasmagories religieuses, depuis Faune jusqu'à Belzébuth »

Vous le reconnaissez ? Non ? Continuons alors, c'est aussi :

« [...] tous les profils animaux, depuis la gueule jusqu'au bec, depuis la hure jusqu'au museau. Qu'on se représente tous les mascarons du Pont-Neuf, ces cauchemars pétrifiés sous la main de Germain Pilon, prenant vie et souffle, et venant tour à tour vous regarder en face avec des yeux ardents ; tous les masques du carnaval de Venise se succédant à votre lorgnette ; en un mot, un kaléidoscope humain. »[3]

C'est ainsi que Victor Hugo présente Quasimodo. C'est carnaval et encore mieux : une multitude d'images sorties des carnavals les plus extraordinaires. « Gare les femmes grosses ! criaient les écoliers. »[4] La statue de Quasimodo constitue le prototype même du monstre, c'est celui qui fait penser à la bête la plus hideuse et c'est aussi le diable...

Le monstre, c'est celui qui comme la bête fauve peut impressionner la femme enceinte et la faire accoucher d'un nouveau monstre : c'est par exemple la légende de la naissance de John Derrik immortalisé à jamais sous le pseudonyme d' « Eléphant Man »... Le monstre est un corps difforme à qui l'on tend un étrange miroir où contempler son identité. Quasimodo est un « animal », un « diable » dans la bouche des femmes apeurées qui se cachent le visage. C'est aussi celui qui, du fait de sa morphologie monstrueuse, offre un saisissant contraste et donne ainsi une réalité inquiétante à l'homme. Quasimodo est le héros imaginaire qui montre avec excès que la nature a parfois de bien étranges manifestations, exubérantes et fantasques.

Le corps monstre

La notion de « corps sujet » exposé dans un ouvrage précédent[5] posait un problème majeur : si le corps est central dans la définition du sujet humain, peut-on réduire cette quête à une norme morphologique ? Ne prend-on pas le risque de maintenir le sujet possédant un corps difforme dans une sous-humanité ? De la même manière, d'autres

---

[3] Victor Hugo, *Notre-Dame de Paris*, édition de 1988 sous la direction de Michel Simonin, Le Livre de Poche, Paris, 1988, p. 115-116.
[4] Ibid., p. 120.
[5] C. Salomon, *La Condition corporelle*, op.cit..

corps ne peuvent-ils pas incarner au contraire une surhumanité ? L'anatomie, disions-nous, est alors d'un grand secours. Elle nous apprend qu'il n'existe pas de corps idéal dans la réalité. Pensons par exemple aux corps illustrant la *Fabrica* de l'anatomiste André Vésale (1514-1564) : ils ne sont que des constructions savantes et pédagogiques. Le corps idéal est objet de connaissance ou représentation esthétique et reste loin de la réalité.

Comment peut-on alors intégrer les corps monstrueux à des études positives de la nature? Est-ce en soulignant que la monstruosité est aussi et surtout dans le regard de celui qui l'observe ? Quasimodo et la célèbre créature du docteur Frankenstein sont les symboles de ce paradoxe qui veut que sous la morphologie la plus difforme se cache le meilleur de l'humanité. Mais cela, ce sont des vues littéraires sinon moralisantes. Qu'en est-il pour celui qui, confronté à la nature, lui cherche un sens ? Qu'en est-il pour le naturaliste, le médecin ?

« Que de monstres la terre en travail s'efforça de créer, étranges de traits et de structure ! On vit l'androgyne, qui tient des deux sexes mais n'appartient à aucun, et n'est ni l'un ni l'autre ; on vit des êtres sans pieds et sans mains, ou muets et sans bouche, ou sans regard, aveugles [...] ou bien dont les membres adhéraient tous au tronc et qui ne pouvaient ni agir, ni marcher, ni éviter un péril, pourvoir à leurs besoins. Tous ces monstres et combien d'autres de même sorte furent créés en vain, la nature paralysa leur croissance et ils ne purent toucher à la fleur tant désirée de l'âge, ni trouver de nourriture, ni s'unir par les liens de Vénus. »[6]

Lucrèce dans *De la nature* s'intéresse aux monstres et il leur donne en quelque sorte un statut épistémologique. Ils sont pour Lucrèce le résultat de la nature qui cherche à créer

---

[6] Lucrèce, *De la nature*, Livre cinquième / 824-860, Éditions GF-Flammarion, Paris, 1964, p. 178.

des êtres et qui commet ainsi des erreurs. Lucrèce insiste sur cet aspect *brouillon* du monstre, car il participe à son explication de la genèse d'une nature qui ne s'est pas construite selon un plan uniforme.

« Les Centaures n'ont jamais existé ; en aucun temps n'a pu vivre un être à double nature, combinaison de deux corps, fait de membres hétérogènes, sans harmonie possible dans les facultés. L'esprit le plus obtus en sera convaincu aisément. »[7]

Les monstres sont donc des échecs provisoires de la vie, mais aussi (et surtout) une condition nécessaire à son développement. Lucrèce cherche ainsi à dessiner une frontière entre les extravagances de l'esprit humain voyant des Centaures aller et venir sur la terre et le constat de l'existence de créatures monstrueuses non adaptées aux conditions de la vie sur cette Terre. L'apparition de la vie sur Terre résulterait selon Lucrèce d'un tâtonnement qui pourrait profiter de certaines opportunités:

« Il faut en effet, nous le voyons, tout un concours de circonstances pour que les espèces puissent durer en se reproduisant : des aliments d'abord, puis des germes féconds distribués dans l'organisme avec une issue par où ils puissent s'écouler hors du corps alangui, et enfin, pour que la femelle puisse se joindre au mâle, des organes qui leur permettent d'échanger des joies partagées. »[8]

Faute de « ce concours de circonstances » (heureux ?), Lucrèce peut alors énoncer que :

« Beaucoup d'espèces durent périr sans avoir pu se reproduire et laisser une descendance. Toutes celles que tu vois respirer l'air vivifiant, c'est la ruse ou la force, ou enfin la vitesse qui dès l'origine les a défendues et conservées. »[9]

Et ajouter plus loin :

---

[7] Ibid., 861-906, p. 179.
[8] Ibid., 824-860, p. 178.
[9] Ibid., 824-860, p. 178.

« Une race d'homme vécut alors, race des plus dures, et digne de la dure terre qui l'avait créée. Des os plus grands et plus forts que les nôtres formaient la charpente de ces premiers hommes, leur chair avait une armature de muscles puissants, ils résistaient aisément aux atteintes du froid et du chaud, aux changements de nourriture, aux attaques de la maladie. »[10]

Ne pourrions-nous pas voir là une esquisse des futurs concepts darwiniens de la sélection naturelle ? En histoire des sciences, il existe toujours un risque important : celui d'effectuer des rapprochements trop hâtifs entre des époques différentes. Lucrèce fait preuve d'une certaine forme de bon sens qui énonce qu'à une époque marquée par des conditions de vie difficiles, seuls des êtres robustes pouvaient y subsister. La paléontologie moderne nous a depuis décrit des hominidés aux caractères finalement assez proches… Ce qui est en revanche intéressant chez Lucrèce, c'est l'importance décisive qu'il accorde à la morphologie. La monstruosité, comme l'avènement d'une espèce viable, est considérée à l'aune des malformations des corps de celle-ci ou de la robustesse de celle-là. Les malformations proposent déjà un autre registre que celui du fantasme, une approche plus neutre. Une espèce qui n'est pas adaptée à son environnement l'est pour des raisons morphologiques. La morphologie a une influence déterminante. Prenons l'exemple de la reproduction sexuée : si celle-ci se trouve contrariée par des malformations, l'espèce serait alors condamnée. Pour Lucrèce, le monstre est donc d'abord caractérisé par l'impossibilité de sa reproduction, il meurt vite ou reste stérile. Ainsi, il ne se contente pas de recenser des cas merveilleux, mais il insiste sur la possibilité effective ou non de l'existence du monstre. La stérilité du monstre s'expliquerait souvent par l'absence ou la mauvaise conception des organes sexuels. D'autres fois,

---

[10] Ibid., 907-947, p. 180.

plus radicalement, le monstre qui aurait pu venir au monde serait incapable de se nourrir : par exemple du fait de l'absence de bouche chez un mammifère. C'est pour cela que Lucrèce peut être considéré comme menant un travail qui annonce celui des futurs naturalistes. Lucrèce cherche à comprendre un phénomène et à inclure les erreurs de la nature à son discours de connaissance. Il comprend que l'on ne peut pas faire l'économie de cette monstruosité ou la renvoyer simplement au *merveilleux*. Il existe donc une pertinence et une modernité de son discours puisqu'il concourt à faire de l'écart à la norme un élément constitutif de cette même norme. Lucrèce n'est pas seulement *fasciné* par la monstruosité, il cherche à l'expliquer.

Pourtant, ce qui caractérise le plus souvent les discours sur les monstres, c'est précisément cette *fascination* qu'ils exercent, fascination parfois malsaine que l'on cherche à *excuser* par la terreur ou le dégoût qui l'accompagne. En quelque sorte, on joue à se faire peur en se confrontant à ces manifestations extraordinaires du vivant. L'homme ou l'animal deviennent des monstres accomplis lorsque leurs descriptions dépassent tout ce que l'on saurait concevoir. La réalité et la fiction se mêlent alors souvent en ces temps préscientifiques. Cet exemple de Pline l'Ancien dans son *Histoire naturelle* le montre bien, c'est celui d'un poulpe qui sort brutalement de la mer pour venir dévorer avidement des salaisons déposées dans des réservoirs à ciel ouvert :

« Les gardiens, réveillés, furent épouvantés par un spectacle extraordinaire : d'abord la grosseur du poulpe était inouïe, puis il était complètement enduit de saumure, et il exhalait une odeur affreuse. Qui se serait attendu à trouver là un poulpe, ou qui l'aurait reconnu dans cet état ? »[11]

Il s'agit ici de l'intrusion dans la réalité quotidienne d'un

---

[11] Pline l'Ancien, *Histoire naturelle*, édition et choix d'Hubert Zehnacker, Folio classique, Éditions Gallimard, Paris, 1999, p. 129.

événement défiant les règles de la normalité par l'apparition au sein d'une communauté organisée d'un être qui n'y a pas sa place et donc, tout naturellement : « Ils s'imaginaient livrer bataille à un monstre. »[12] Comment penser autre chose face à un tel événement qui interroge déjà son propre univers (avant le monstre même) dans la surprise ?

Seul un monstre est capable de troubler aussi sûrement une organisation humaine qui vise à l'harmonie. Dans le cas rapporté par Pline tout est *trop* : la taille, l'odeur, la force du monstre. La description tente par tous les moyens de rendre compte de l'horreur née d'un être hors norme. C'est tout d'abord l'épouvante:

« En effet, il mettait en fuite les chiens par un souffle terrible : tantôt il les fouettait avec l'extrémité de ses tentacules, tantôt il les frappait comme à coups de massue avec ses bras les plus forts, et c'est à grand peine qu'on le tua avec de nombreux tridents. »[13]

Lorsque la bête est abattue, le travail du naturaliste semble pouvoir commencer. Ainsi il collecte et rapporte les caractéristiques extraordinaires et déjà morphologiques de cet animal, de ce monstre.

« On montra sa tête à Lucullus ; elle avait la grosseur d'un baril de quinze amphores* ; [...] ses tentacules, qu'on aurait à peine embrassés avec les deux bras, et qui noueux comme des massues, avaient trente pieds de long. Les suçoirs, grands comme une urne, ressemblaient à des bassins ; les dents étaient en proportion. Le reste du corps, qui fut conservé par curiosité, pesait 700 livres. »[14]

Pline exprime ici l'étymologie du terme « monstre » en insistant sur le sensationnel de la situation et surtout son aspect extraordinaire offert au regard : le monstre, c'est tout

---

[12] Ibid., p. 129.

[13] Ibid., p. 129.

*393,90 litres, note d'Hubert Zehnacker.

[14] Ibid., p. 129-130.

d'abord ce que l'on *montre*. Lucrèce était plus avare de détails lorsqu'il parlait des malformations des organes génitaux. Avec Pline, c'est une véritable mise en scène et elle prend le dessus avec son caractère spectaculaire sur l'analyse du naturaliste. On le sent surtout impressionné par ce qu'il voit ou par ce qu'on lui rapporte. Cette *fascination*, il cherche donc à la faire partager à ses lecteurs, comme si l'horreur innommable devant un phénomène inouï devait être nommée : car le récit l'exige. Alors Pline voit des têtes d'une « grosseur d'un baril de quinze amphores »… Nous ne pouvons pas nous empêcher de penser à *Vingt mille lieues sous les mers* de Jules Verne en lisant une telle description. Ce qui est valable pour l'animal le sera-t-il pour l'homme ?

Dans le même ouvrage, Pline reste dans la même veine du discours : celle de la performance dans le *trop* grand (le géant) et le *trop* petit (le nain). Il y ajoute des digressions d'ordre moral où les monstruosités physiques côtoient la monstruosité des mœurs et des pratiques. Ainsi, l'ombre du démon qui va accompagner le monstre, notamment tout au cours du Moyen Âge, s'affirme dans le monde chrétien. Nous nous éloignons encore de l'observation rationnelle pour privilégier des désirs et des fantasmes. Nous pouvons en donner quelques exemples pour *montrer le monstre montré*, ce qui doit nous mettre en garde nous aussi sur la fascination exercée par l'exposition du monstre humain, encore plus troublant que le monstre animal, car c'est un monstre qui nous ressemble.

« Nous trouvons chez les historiens qu'à Salamine le fils d'Euthymène atteignit en trois ans la taille de trois coudées,* et qu'il avait la démarche lente et l'intelligence obtuse : déjà il était devenu pubère, la voix était forte, lorsqu'une convulsion subite l'emporta à l'âge de trois ans

---

* Environ 1,50m.

accomplis. [...] Ces individus sont appelés *ektrapeloi* (monstrueux) par Les Grecs ; ils n'ont pas de nom en latin. »[15]

Le monstre se présente d'abord comme un défi au temps et aux normes physiques habituelles. Il est comme *à côté* de la nature et il est donc le plus souvent condamné à mourir plus vite (« On sait que des enfants naissent avec une taille d'un pied et demi, et même plus, et qu'au bout de trois ans le terme de leur existence est atteint. »[16]) ; ou bien à devenir un phénomène célèbre comme Gabara le géant de « 9 pieds et 9 onces » (2,88 m). Plus intéressant encore est cette capacité du monstre qui, non seulement déjoue les règles de la nature, mais participe aux dérèglements des mœurs en instillant du chaos dans l'existence des hommes. Il existait ainsi « Sous le même prince [Claude] un nain haut de deux pieds et un palme, nommé Conopas [qui] fit les délices de sa petite fille Julie.* » Passons sur les détails des « délices » attribués à Conopas le nain, mais pour mieux en souligner l'aspect sulfureux. Nous sommes en effet sur les marges avec les monstres : ce sont des enfants de trois ans déjà adolescents et au terme de leurs vies, mais aussi des êtres troublants éveillant les sens et les instincts sexuels. Pline n'évite pas de parler du mystère de la transsexualité et du questionnement qu'elle suscite vis à vis du genre humain et donc du sujet :

« Le changement de femmes en hommes n'est pas une fable. [...] Moi-même j'ai vu en Afrique L. Consitius, citoyen de Thysdrus, qui fut changé en homme le jour de ses noces. »[17]

---

[15] Ibid., p. 88-89.

[16] Ibid., p. 88.

* Conopas mesurait donc 0,666m. La Julie dont il est question ici est Vipsania Julia, fille d'Agippa, note d'Hubert Zehnacker.

[17] Ibid., p. 85.

Les successeurs de Pline seront nombreux. Par exemple, le dominicain italien Jacques de Voragine (1230-1298), auteur de *La Légende dorée*, livre dans son ouvrage une collection de monstres : on trouve ainsi un être mi-homme mi-chien. Kobürgher publie au milieu du XVe siècle à Nuremberg l'*Encyclopédie universelle* dans laquelle il rapporte l'accouchement un soir d'orage d'un enfant à corps de lion et tête d'enfant. Boaistuau, dans son ouvrage de 1560 *Histoires prodigieuses*, décrit des monstres hideux nés du commerce de femmes abusées par des diables... Nous pourrions ainsi multiplier ces références où le spectaculaire, le mélange du vrai et du faux concourent à souligner un goût affirmé pour la description du stupre et de l'horreur avant tout souci rationaliste. L'atmosphère religieuse du Moyen Âge favorise cette quête de la monstruosité qui n'est en fait qu'un moyen éminemment pédagogique de traquer l'œuvre du Malin. Elle ne concerne d'ailleurs pas que les monstres. Nous pouvons ainsi nous souvenir de ce jugement d'Odon de Cluny à propos des femmes : en évoquant la possibilité de voir *au-delà* de leur peau, les hommes découvriraient donc des continents abominables, littéralement monstrueux car « la vue seule des femmes leur serait nauséabonde : cette grâce féminine n'est que saburre, sang, humeur, fiel. »[18] La femme n'est pas loin du monstre. De la même manière, le monstre, fruit du commerce d'une femme avec le diable ou de son imagination dérangée, donne à voir à l'*extérieur* ce que l'*intérieur* peut avoir de maléfique et de dangereux pour l'homme. Ces affreuses têtes de chiens, ces membres surnuméraires, ces corps dédoublés, sont tous dans leur évocation le signe du mal intérieur et la manifestation d'un désordre incompréhensible. Mais il reste la preuve de la

---

[18] Odilon de Cluny, cité par J. Huizinga, *Le Déclin du Moyen Âge*, Éditions Payot, Paris, 1948.

luxure des femmes ainsi encouragée du fait de leur trop grande et fertile imagination débridée et si influençable.

À la Renaissance, les travaux d'Ambroise Paré vont donner une inflexion à la seule *fascination* exercée par les monstres, même si pour de nombreux commentateurs toutes les pages consacrées par le barbier aux monstres et prodiges restent encore trop marquées par l'esprit de collection et le spectaculaire.

Dans les *Œuvres complètes* d'Ambroise Paré, nous trouvons le *Livre traitant des Monstres & Prodiges*. La première indication sur la valeur de cet ouvrage nous est fournie par Jean-Jacques Courtine dans son texte qui précède l'édition du texte d'Ernest Martin, *Histoire des monstres*[19] :

« Une curiosité fiévreuse pousse ainsi le monde savant, au cours du XVIe siècle, à rassembler récits et images de monstres dans les traités de Rueff, Lycosthènes, Boaistuau, Paré, et à peupler les premiers cabinets de curiosité de résidus monstrueux. [...] Dans les cabinets et les traités de la Renaissance, l'étrangeté se dota d'une vie propre que la curiosité suffisait à légitimer [...] de la référence sacrée. Le règne de cette curiosité fut relativement bref [...]. Elle vint occuper la période intérimaire où l'autorité religieuse avait commencé à abdiquer ses droits d'interprétation de la monstruosité, et la science moderne pas encore pleinement revendiqué les siens. »[20]

Les cabinets de curiosité et leurs riches collections non systématiques sont effectivement des lieux privilégiés pour le monstre qui tente un temps de réconcilier ainsi le

[19] Ernest Martin, *Histoire des monstres, depuis l'Antiquité jusqu'à nos jours*, Précédé de *Le désenchantement des monstres* par Jean-Jacques Courtine, Éditions Jérôme Million, Grenoble, 2002. Date de la première édition de l'ouvrage du Dr Ernest Martin : 1880.

[20] Jean-Jacques Courtine, *Le désenchantement des monstres*, op.cit., p.10-11.

spectaculaire et le souci scientifique, mais nous voulons préciser le rôle de l'anatomie et de la dissection chez Paré. C'est essentiel pour tenter de comprendre et souligner pourquoi Paré voit « les monstres et les prodiges » d'un œil un peu différent de ses prédécesseurs.

Paré et l'observation du corps monstre

Ambroise Paré a placé l'expérience et l'observation au cœur de son activité d'anatomiste et de médecin. Plus qu'un théoricien, Paré est donc un homme de terrain. Il le montre dans son premier texte d'anatomie[21] mais également dans celui consacré aux « monstres et prodiges », même si ce dernier reste marqué par le spectaculaire des cas rapportés et ses spécificités méthodologiques. Tout d'abord, nous sommes loin de la leçon d'anatomie administrée par lui-même grâce aux observations faites avec ses propres yeux puisqu'il doit faire confiance à des témoignages pas toujours faciles à vérifier. Il existe un aspect collection extraordinaire dans le Vingt-cinquième Livre[22] consacré à ces monstres et prodiges, mais Paré ne se contente pas de collectionner au hasard de ses fantasmes, il tente de *classer*. Pour réaliser ce classement, il commence par distinguer les monstres et les prodiges dans un souci de précision. Cela dénote à une époque où la confusion reste souvent la règle. Paré précise ainsi :
« Monstres sont choses qui apparaissent outre le cours de la Nature [...] comme un enfant qui naît avec un seul bras, un autre qui aura deux têtes [...]. Prodiges, ce sont choses

[21] À l'anatomie théorique et savante de Vésale qui commence par l'ostéologie, il préfère la dissection du barbier -chirurgien qui obéit à un ordre spécifique : d'abord le putrescible puis on arrive peu à peu au squelette.
[22] Ambroise Paré, *Livre traitant des Monstres & Prodiges*, 1573 pour l'édition originale, p. M.XX édition Pierre de Tartas, Centre Culturel du Moulin de Vauboy, 91 Bièvres, imprimé en Allemagne.

qui viennent du tout contre Nature, comme une femme qui enfantera un serpent, ou un chien, ou autre chose du tout contre Nature, comme nous le montrerons ci-après par plusieurs exemples de ces monstres et prodiges. »[23]

Dans son recensement, Paré a recours aux récits et figures fournis par de nombreux auteurs qui ont consacré des textes aux monstres : Boaistuau (Boaistuau et ses *Histoires Prodigieuses*), saint Paul, saint Augustin, Hippocrate, Galien, Aristote et Pline pour ne citer que les plus connus. Le monstre est donc un élément de la nature dans laquelle un *désordre* est apparu dans les règles de la génération, bouleversant ainsi l'économie normale du corps : présence d'un seul bras ou de deux têtes chez le nouveau-né.

Le prodige quant à lui est de l'ordre de l'*aberration* anti-naturelle comme le montre les exemples cités (comme la femme qui enfante un serpent) et échappe totalement à la médecine des hommes. À l'inverse, donc, le monstre qui correspondrait à un mauvais fonctionnement des règles de la nature est une créature qui peut préoccuper le médecin. Ces phénomènes doivent donc intéresser l'anatomiste et le chirurgien.

Après cette première distinction, Paré cherche à classer les monstres en établissant les causes de leurs difformités : « Les causes des monstres sont nombreuses. La première est, la gloire de Dieu. La seconde, son ire. La troisième, la trop grande quantité de semence. La quatrième, la trop petite quantité. La cinquième, l'imagination. La sixième, l'angle ou la petitesse de la matrice. La septième, la tenue malséante de la mère, qui étant grosse, s'est tenue trop longuement assise les cuisses croisées, ou serrées contre le ventre. »

Notons déjà la diversité des causes : on passe ainsi du surnaturel à une tentative d'explication plus rationnelle (la

---

[23] Ambroise Paré, *ibid.*, Préface, p. M.XX.

semence et sa *quantité*, et non sa *qualité*). Poursuivons la lecture : « La huitième, par chute, ou coups donnés contre le ventre de la mère étant grosse d'enfant. La neuvième, par maladies héréditaires, ou accidentelles. La dixième, par pourriture ou corruption de la semence. L'onzième, par mixtion ou mélange de la semence. La douzième, par l'artifice des méchants bellitres de l'ostière. La treizième, par les Démons ou Diables. » [24]

À la lecture des treize causes données par Paré et qui sont rarement reprises dans leurs intégralités, nous voyons des éléments parfois naïfs (les cuisses trop croisées), irrationnels (les Démons et les Diables) mais également plus intéressants comme les maladies héréditaires et la tentative précédemment notée de *quantifier* (même si cela reste très loin d'une mesure satisfaisante). L'irrationnel le dispute ainsi à la volonté de classer, de nommer et semble prendre le dessus comme si le barbier-chirurgien s'avouait impuissant devant la volonté de Dieu et la puissance des Démons. Pourtant le barbier cherche à reprendre la main et si le jugement de Dieu est convoqué pour sanctionner définitivement des copulations renvoyant les hommes au rang de la bête brute, c'est aussi l'occasion pour Paré de dénoncer un acte qu'il trouve anti-naturel, comme celui d'avoir un rapport sexuel avec une femme durant les menstrues : « Conclusion, c'est une chose folle et brutale d'avoir à faire à une femme pendant qu'elle se purge ».

À côté de cette confusion entre jugements de valeur et approche préscientifique, Paré cherche également plus rationnellement à collecter des données anatomiques qui joueraient un rôle dans la constitution des malformations. Il étudie ainsi des cas classiques pour la médecine comme celui des siamois. Mais il est difficile d'échapper aux contingences de son époque et où Paré cherche le cas

---

[24] Ibid, p. M.XX.

exemplaire à ses études, il ne rencontre souvent que spectacle et souci du gain.

« L'an de grâce 1475 furent engendrées pareillement en Italie, en la ville de Venise, deux filles conjointes par les reins, depuis les épaules jusqu'aux fesses : et parce que les parents étaient pauvres elles furent portées par plusieurs villes d'Italie pour amasser argent du peuple, qui était fort ardent de voir ce nouveau spectacle de la nature. »[25]

Paré n'oublie donc pas d'observer l'aspect social du monstre et montre bien ici la rente que pouvait représenter de tels corps. C'est ce qui explique que la douzième cause retienne l'artifice et la tromperie : le monstre peut être un leurre, une illusion construite de toutes pièces destinée à rentabiliser le goût du peuple pour le merveilleux et le sensationnel. La duperie peut même aller jusqu'à la fabrication d'authentiques monstres humains, c'est-à-dire de pauvres diables mutilés sciemment afin de créer la sensation ou de favoriser la charité comme le montre Victor Hugo dans son roman *L'Homme qui rit*.

Cet autre exemple est encore plus intéressant pour qui veut mieux saisir la méthode de Paré, il s'agit d'un enfant ayant deux têtes, deux bras et quatre jambes.

« L'an 1546 à Paris une femme grosse de dix mois enfanta un enfant ayant deux têtes, deux bras, & quatre jambes, lequel *j'ouvris*[*], & *n'y trouvai*[**] qu'un cœur : partant [de cette constatation] l'on peut dire n'être qu'un enfant. Aristote dit, qu'un monstre ayant deux corps joints ensemble, s'il [y] est trouvé deux cœurs, on peut véritablement dire être deux hommes ou femmes [...] » Paré est ici aux premières loges de ce cas exemplaire, la dissection et l'observation qui l'accompagne sont une véritable occasion pour lui. Poursuivons notre lecture, après

---

[25] Ibid.

[*] Souligné par nous.

[**] Souligné par nous.

l'examen factuel, Paré passe à la recherche des causes : « […] La cause de ce monstre pouvait être, [la] faute de matière en quantité, ou vice de la matrice qui était trop petite, parce que Nature, voulant créer deux enfants, la trouvant trop étroite, se trouve [en] manque, de façon que la semence étant contrainte & serrée, se vient lors [vient alors] à coaguler en un globe, dont se formèrent deux enfants ainsi joints & unis ensemble. » [26]

Si Paré fait appel au savoir du sage Aristote, ce n'est pas pour se cacher derrière. Il n'oublie pas de dire qu'il a ouvert ce monstre et essayé de voir par *lui-même* pour mieux comprendre ce cas (un ou deux enfants ?), agissant ainsi comme il l'a revendiqué dans son ouvrage consacré à la dissection. Paré inaugure ainsi une méthode scientifique essentielle dans la connaissance de ces pathologies. Cela commence d'abord par l'observation des organes comme le cœur ou le foie, ce qui permet au chirurgien d'obtenir des renseignements précieux afin de déterminer la viabilité de l'individu ou des deux individus, comme c'est toujours le cas dans la chirurgie de la séparation de frères ou sœurs siamois.

Paré défriche donc un savoir : il ne se contente pas du sensationnel et du spectacle des monstres. Il initie une véritable connaissance anatomique plus approfondie de phénomènes que la tératologie du XIXe siècle prendra en compte de manière encore plus rationnelle. C'est en fait une tentative de penser l'altérité du monstre en retenant des indices pathologiques. Ce sont ici les balbutiements de la tératologie, puis de la tératogénèse, c'est-à-dire de l'étude des monstres par laquelle on cherche à découvrir les causes effectives des malformations et les mécanismes de production de ces malformations. Ces malformations sont reconnues pour apparaître durant la vie intra-utérine que l'embryologie va peu à peu investiguer. Ce sont donc

---

[26] Ibid.

des anomalies dans le développement de l'embryon ou du fœtus comme l'avait empiriquement envisagé Paré en son temps malgré toutes les croyances et superstitions en vigueur. Médicalement, on considère encore que près de la moitié des causes reste incertaine et l'on divise l'autre moitié ou causes déterminables en trois catégories : les causes génétiques, les causes environnementales et les causes mixtes. Nous reparlerons plus loin dans cet ouvrage de la tératogénie et de la tératogénèse, mais avant cela, retrouvons la tératologie. Elle classe les différentes monstruosités et nous donne à observer ce qu'elle a pu apporter à la théologie et au droit chargés de donner un avis sur la monstruosité, voire – de la juger. Le monstre n'échappe pas au jugement : ni à celui des hommes, ni à celui de Dieu.

2

Science, théologie et monstruosité

« Une souris géante
Trotte entre les montagnes
L'autre face du monde
Est une face claire. »
Maurice Fombeure, « Constellations », in *À dos d'oiseau.*

La tératologie et le classement des corps monstres

Cette discipline s'est développée au XIXe siècle avec Étienne Geoffroy Saint Hilaire (1772-1844) qui a réalisé une première classification tératologique en 1820. Celle-ci fut ensuite reprise en 1836 par son fils Isidore (1805-1861). L'idée était d'abord, et avant tout, de rationaliser l'analyse des malformations qui n'avaient donné lieu le plus souvent qu'à un recensement essentiellement spectaculaire. Les travaux novateurs d'Étienne et Isidore Geoffroy Saint Hilaire s'appuient donc presque exclusivement sur des descriptions morphologiques. Isidore aboutit ainsi à une nomenclature assez précise de ces observations et à leur classement systématique. On peut prendre un exemple avec les monstres unitaires (à isoler des monstres multiples). Les monstres unitaires sont ceux dont les malformations se produisent sur un seul individu. Ils peuvent à leur tour être divisés en trois ordres : les monstres autosites (ordre1), les monstres omphalosites (ordre 2) et les monstres parasites (ordre 3). Les autosites sont ceux qui se suffisent à eux-mêmes. Les omphalosites n'ont généralement pas de tête (acéphales), pas de cœur et s'ils peuvent survivre jusqu'à terme, c'est grâce à la présence d'un jumeau normal (circulation placentaire). Quant aux parasites, il s'agirait en fait « de kystes embryonnaires dont la place au sein des monstruosités est discutable », (André Morin, spécialiste de la question tératologique, Faculté de médecine de Lyon).

On cherche ensuite à préciser ce premier classement en distinguant désormais le lieu de la malformation et en usant de terminaisons : *some* pour le tronc, *mêle* pour les membres et *céphal*e pour la tête. D'où le classement suivant donné par Isidore Geoffroy Saint Hilaire dans *Histoire générale et particulière des anomalies de l'organisation chez l'homme et chez les* animaux[27] :

Monstres unitaires

Ordre 1 : monstres autosites

Tribu 1 (Tératomèles) :
Famille 1 : ectroméliens
Famille 2 : syméliens
Tribu 2 (Tératosomes) :
Famille unique : célésomiens
Tribu 3 (Tératencéphales) :
Famille 1 : exencéphaliens
Famille 2 : pseudocéphaliens
Famille 3 : anencéphaliens
Tribu 4 (Tératocéphales) :
Famille 1 : cyclocéphalien

[27] Isidore Geoffroy Saint Hilaire, *Histoire générale et particulière des anomalies de l'organisation chez l'homme et chez les animaux, comprenant des recherches sur les caractères, la classification, l'influence physiologique et pathologique, les rapports généraux, les lois et les causes des monstruosités, les variétés et vices de conformation, ou traité de tératologie*, J.B. Baillière, Paris, 1832-1836, 3 vol. in-8° et atlas.

Famille 2 : otocéphaliens

Ordre 2 : monstres omphalosites

Tribu 1 :
Famille 1: paracéphaliens
Famille 2 : acéphaliens
Tribu 2 : Famille unique : anidiens

Ordre 3 : monstres parasites

Famille unique : zoomyliens

Exemple :

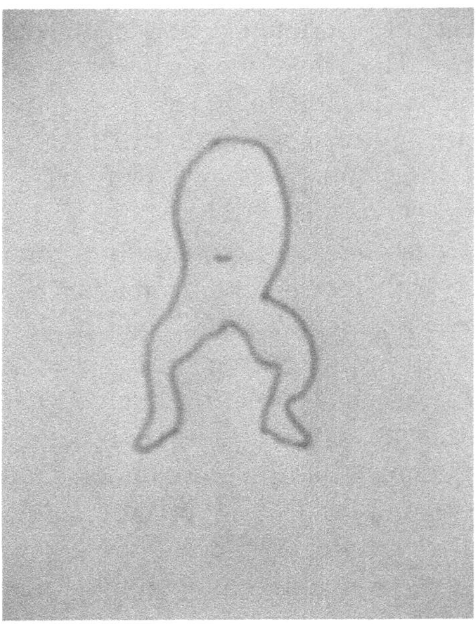

Ordre 2 :
Omphalosites ; Tribu 1 ;
Acéphale (Famille 2) ectromèle.
© C. Salomon

On obéit au même principe pour classer les monstres doubles : on retient l'aspect morphologique et on distingue les caractères anatomiques. Nous restons donc avec ce type de classement à une morphologie tératologique retenant l'anatomie et la topographie des monstruosités. Viendrons s'ajouter à tous ces travaux la tératogénie analysant les malformations à des stades différents du développement de l'embryon et plus proche de nous la tératogenèse qui analyse les mécanismes biologiques de la production même des monstres en fabriquant des anomalies en laboratoire. Nous pouvons cependant noter toute l'importance et la pertinence encore actuelles des repérages morphologiques effectués par Isidore Geoffroy Saint Hilaire. En effet, dans les classifications plus modernes du XXe siècle, on retrouve le même principe. Surtout, ce mode de classement qui dépend du regard a su aussi modifier le regard lui-même en insistant sur l'aspect pathologique.

Le monstre, a-t-on coutume de dire, est déjà dans le regard que nous lui portons : pensons aux femmes horrifiées par la vue de Quasimodo décrites par Victor Hugo. Mais désormais, l'irréductibilité corporelle de la malformation n'obéit plus seulement à une fatalité externe et maléfique. Elle est devenue l'objet de la médecine et cherche à se démarquer du spectacle et des fantasmes, du regard *porté sur*. Existe alors l'idée de voir *pour ce qu'elle est* la monstruosité, c'est-à-dire – une pathologie – et la volonté de reconnaître à l'individu qui en souffre sa pleine qualité de sujet dont il faut prendre en compte cette pathologie. Il s'agit d'essayer d'oublier le « phénomène de foire » pour assurer à la personne un traitement qui prenne véritablement en compte ses désirs et ses espoirs. L'affaire est d'importance et ne peut se régler seulement dans une classification rationnelle. Mais c'est un début, une voie, surtout pour comprendre – au-delà de la simple collection –

que la définition d'un « corps sujet » [28] doit se défier d'une norme corporelle qui agit sous toutes ses formes et, le plus souvent, comme une machine à exclure. Cette dernière a toujours fonctionné et nous pensons que c'est dans la définition même de ce « corps sujet » que peut précisément se situer une piste pour corriger ces abus. La science morphologique a toute sa place dans cette quête de l'humain.

Le monstre : quel sujet ?

La mise à l'écart du monstre pensé comme négatif ou plus simplement de la « personne différente » obéit à un déclassement de celle-ci dans l'espace social, économique et politique. C'est ainsi que se pose alors inévitablement la question de son identité et, de ce fait, celle de la nature du sujet. Dans son *Histoire des monstres*, Ernest Martin pose le problème avec franchise :

« Les monstres qui apparaissent dans l'espèce humaine sont-ils vraiment humains ? » [29]

Pour répondre à cette interrogation, il fait appel à la jurisprudence ecclésiastique, aux consignes données aux prêtres directement confrontés dans leur ministère à cette monstruosité scandaleuse. Ainsi les sacrements religieux ont très longtemps joué un rôle essentiel et déterminant dans la reconnaissance de la nature humaine – celle du sujet – et le fait de baptiser un monstre revient en fait à le reconnaître comme appartenant sans aucune restriction à la communauté des croyants, donc à celle des hommes. La première référence sur laquelle Martin s'arrête, c'est un débat qui s'est déroulé à l'université de Louvain (1683) en présence des facultés de médecine et de droit. Le baptême y est défini sous condition et cet avis constitue selon Martin

[28] Voir *La Condition corporelle*, op.cit.

[29] Ernest Martin, *Histoires des monstres*, *op. cit.*, p. 173.

le socle sur lequel les ecclésiastiques vont en grande partie s'appuyer pour agir face aux nouveaux-nés difformes qui leur sont présentés. La consultation de l'évêque prévue par le prêtre afin de décider si oui ou non il y aura baptême est le plus souvent repoussée, car la plupart de ces enfants n'ont pas une espérance de vie suffisante afin de recevoir la visite de l'évêque. C'est encore l'esprit de la conférence du diocèse d'Angers rapportée par Martin :

« Il convient de prendre le parti le plus sûr, de préférence à certaines apparences extérieures et dès que l'on peut légitimement douter si le prétendu monstre possède une âme humaine ; il se peut que ce qui paraît au dehors, n'ait pas la physionomie extérieure de l'homme cachée souvent sous des enveloppes susceptibles de faire illusion ; mais cependant ; pourvu que le fœtus, une fois né, puisse bien se distinguer et donne des signes de vie, il y a nécessité à lui conférer le baptême sous condition ; c'est là le parti le plus convenable. » [30]

Le texte est plutôt ouvert et on peut noter que la morphologie (« apparences extérieures ») joue ici un rôle essentiel dans la détermination de la nature humaine de l'enfant. Mais il est également envisagé le cas où celle-ci ferait « illusion » et dissimulerait au regard du prêtre la réelle nature de l'enfant. Le texte parle alors des « signes de vie » sans plus grande précision. Le jugement reste dans le regard du prêtre et c'est précisément la plupart du temps ce regard humain, jamais neutre, qui construit en grande partie la monstruosité dans tous ses fantasmes. La mansuétude du texte – et l'humanité revendiquée de l'ecclésiastique qu'elle veut heureusement mettre en avant – agit ainsi comme une précaution. Martin donne encore quelques exemples de situations très épineuses et de décisions contraires à la précédente : « En 1595, un monstre fut apporté à un prêtre,

[30] Conférences d'Angers, t.I, p.424. Extrait de la conférence VIIe sur les actes humains, 1830. Cité par Ernest Martin, *op. cit.*, p. 176.

qui lui trouva un museau de singe et un pied fourchu ; il refusa de le baptiser, et ce refus donna lieu à un procès qui fut porté devant le Parlement. » [31]

Comment aurait agi ce prêtre avec le seul texte de la conférence de Louvain comme référence ? Les questions de bioéthiques ne sont pas récentes... En 1662, ce sont deux filles réunies par le côté qui sont amenées au curé de Saint-Paul à Paris. Il choisit de n'en baptiser une seule : pourquoi une tête et pas l'autre ? L'opinion publique s'en offusque, désavoue son curé et choisit le côté des savants de l'époque qui affirmaient qu'il y avait bien deux êtres (se reporter aux propos de Paré sur les siamois consignés auparavant). C'est un premier point que nous voulons mettre en valeur.

« En 1733, Winslow eut l'occasion d'observer une hétéradelphe qu'une religieuse lui fit connaître dans le but d'éclairer le prêtre fort perplexe et ne sachant s'il devait délivrer le sacrement aux deux corps ou bien à un seul : on délibéra quelques temps et l'on finit par décider qu'il y aurait un baptême double. »[32]

On ne recule devant rien. L'essentiel est d'assurer la sauvegarde de l'âme et si la science peut intervenir, c'est accepté sans autre querelle.

Le rôle des savants n'est donc pas neutre dans la délibération des prêtres et nous voyons que la science tératologique joue un rôle dans cette quête d'une âme au sein d'un corps difforme. Dans les deux derniers exemples cités, la description anatomique est déterminante, car si l'aspect extérieur peut être trompeur, alors le médecin doit être consulté afin de mieux préciser l'examen du corps. Ces interrogations relatives à la morphologie des monstres sont d'abord une manière de poser la question de la présence de l'âme dans un corps. À ce propos, comme souvent en pareil cas, rien n'est vraiment évident : « Passant ensuite aux

[31] Ibid., p. 184.
[32] Ibid.

acéphales, il [Emmanuel Cangiamila][*] leur refuse d'une façon absolue le sacrement ; en effet, l'âme manque nécessairement chez un être privé de tête, c'est-à-dire où siège cette âme. Mais il avoue que c'est là un point litigieux ; car, dit-il, il se peut que l'acéphale ait quelque partie du corps qui fonctionne à la place du cerveau, telle, par exemple, le cœur, qui recèlerait alors une âme raisonnable, encore bien qu'elle soit impropre au raisonnement. »[33]

Le modèle du corps platonicien et du siège des trois âmes ne semble pas oublié par ce théologien. Pour reprendre l'expression de Canguilhem qui à propos du monstre parle de « merveilleux à rebours », nous pourrions parler d'un concours inédit ici, non plus de beauté, mais d'humanité, qui loin de juger des mensurations de Vénus, chercherait à repérer l'humanité dans un foisonnement de bras, de jambes, de têtes. C'est un concours cruel, car on y joue sa vie d'une manière qui n'est pas que symbolique. C'est le deuxième point que nous voulons désormais mettre en valeur.

Le jugement conjoint des théologiens et des savants apparait sans appel, il n'y aurait pas à hésiter, il faut agir, et cette mauvaise herbe : on l'arrache, sans hésitation. Le monstre, on peut le supprimer, du moins si la nature n'a pas déjà agi activement en ce sens pour soulager les consciences. Longtemps, les législations des États se sont inspirées de règles remontant à l'Antiquité et E. Martin précise que si le principal souci est de les adoucir, les considérations théologiques et les superstitions restent présentes. On fait ainsi la différence entre les monstres issus

---

[*] « En 1745, Emmanuel Cangiamila, docteur en théologie, chanoine théologal de l'Église de Palerme et inquisiteur provincial du royaume de Sicile, publia en Allemagne une première édition de l'*Embryologie sacrée*. », cité par Ernest Martin, *op. cit.*, p. 177.

[33] Ernest Martin, *op. cit.*, p. 179-180.

du commerce d'une femme et d'une bête et les monstres ayant deux parents humains (Leyser).[34] Plus intéressant encore est le débat qui s'arrête sur la gravité du geste de mise à mort : on exige de la certitude quant à l'être qui doit être mis à mort. Là encore, la théologie est déterminante. En effet, ce même Leyser précise doctement que l'âme n'apparaît pas spontanément mais émerge avec l'âge et le développement de l'enfant. Il conseille donc d'attendre afin d'évaluer les capacités intellectuelles de l'enfant liant ainsi clairement l'âme et l'intelligence. Martin se livre alors à un tour d'horizon de différentes législations : celle accordant aux seuls parents la possibilité de l'infanticide et celle leur accordant également, mais sous le couvert de magistrats. Il insiste surtout sur l'idée bien ancrée chez les légistes que le monstre résulte d'une relation adultérine, le plaçant ainsi dans l'illégalité juridique (comme double de son anormalité morphologique) et faisant reposer la faute sur la femme. Le droit moderne peut ainsi dénoncer la jouissance des droits civils aux monstres.

La reconnaissance avérée de l'état de monstruosité est juridiquement déterminante. Nombre de légistes insistent sur la « figure » comme principale marque de l'humanité et relativisent la conformité des autres organes. Il ne fait alors pas bon ne pas avoir la tête de l'emploi. Quant au délit de faciès, tout cela n'est qu'une vieille histoire toujours réactualisée au gré des préjugés de son époque et cela prend dans certaines circonstances une importance cruciale.

« Rauter[*] s'exprime de la façon suivante : *il ne peut être commis d'homicide ni sur un monstre ni sur un mort.*[**] ». Martin ne reprend pas cela par hasard car cette phrase est

---

[34] Aug. Leyser, *Meditationes ad Pandectas*, publié en 1778, cité par Ernest Martin, *op. cit..*, p. 146.

[*] Rauter, *Traité du droit criminel français*, t. II, p. 7, 1836, cité par Ernest Martin, *op. cit.*, p. 150.

[**] Souligné par Ernest Martin.

déterminante lorsqu'il s'agira de décider en droit du sort du monstre : « car la monstruosité se détermine d'après les règles du droit civil ; que, par exemple, la tête humaine est le signe caractéristique de l'homme. Ainsi, pour Rauter, la personnalité morale d'un monstre est tout aussi absente que chez un cadavre ! »[35]

La remarque est significative, car ici est très clairement affirmée l'importance du regard qui obéit à des normes morphologiques avérées et déterminées, sinon esthétiques. La conformité anatomique de la tête est retenue, partant du principe que la tête est le siège de l'âme. On insiste donc toujours sur ce lien entre l'interne de l'organisme et l'externe qui définit la physiognomonie. Martin convoque alors le légiste qui, nourri de science tératologique, cherche à échapper à une abomination tout autant juridique que morale :

« Mais, lorsque la science eut fait voir que les monstres sont, au point de vue moral, assimilables aux êtres bien conformés, il était de conséquence forcée que la législation en tînt compte. » [36]

Pourtant, tout ne fut pas aussi simple et les lumières de la science tératologique n'ont pas toujours possédé cet enseignement moral. C'est là un élément essentiel dans notre étude, car il s'agit désormais de souligner que la définition d'un « corps sujet » ne doit pas apparaître comme la condition d'une inhumanité qui interdirait à ceux qui ne rentrent pas dans certains canons corporels d'appartenir pleinement à la communauté des hommes.

Le cours de Michel Foucault[37] donné au Collège de France et intitulé *Les Anormaux* est précieux pour mieux cerner ce que ces êtres portent en eux de dangerosité pour

---

[35] Ernest Martin, *op. cit.*, p. 150.
[36] Ibid., p. 153.
[37] Michel Foucault, *Les Anormaux*, Cours au Collège de France, 1974-1975, Hautes Études, Seuil / Gallimard, Paris, 1999.

la société et de manière plus générale pour comprendre en quoi la définition du sujet ne peut jamais ignorer le corps. Le monstre est défini ainsi : « Qu'est-ce que le monstre dans une tradition à la fois juridique et scientifique ? Le monstre, depuis le Moyen Âge jusqu'au XVIIIe siècle qui nous occupe, c'est essentiellement le mixte. » [38]

Par *mixte*, Foucault considère d'abord le mélange de deux règnes (animal et humain), de deux espèces (porc et mouton), de deux individus (monstre à deux têtes), de deux sexes (hermaphrodite), de vie et de mort (« le fœtus qui vient au jour avec une morphologie telle qu'il ne peut pas vivre » [39]), de formes (absence de membres). Foucault insiste donc sur le fait que la transgression vis à vis des lois de la nature ne suffit pas à définir le monstre, il faut encore que ce soit les droits civils, canoniques et religieux qui soient remis en cause. Ce que nous pouvons retenir ici, c'est donc le rapport étroit et essentiel entre une reconnaissance morphologique, biologique du corps monstrueux et son affirmation juridique. Si Foucault voit le facteur juridique comme déterminant, nous ne pouvons pas nier que dans les siècles qui vont suivre, le XIXe et le XXe, les deux seront en permanence entremêlés notamment dans un culte du corps appelé à définir le sujet de droit digne d'exister au sein de l'État.

C'est ce que nous allons désormais examiner avec des constructions corporelles qui obéissent à des visions utopiques, littéraires, cinématographiques et qui ont en commun l'idée de défendre un statut particulier du corps, donc de l'homme.

---

[38] Ibid., p. 58.
[39] Ibid., p. 58.

3

La quête de l'idéal

« La vérité est toujours un dernier cri, et pratiquement se confond avec la mode. »
Alfred Jarry, *Propos divers du premier pataphysicien.*

La collection plus ou moins savante étant désormais mise de côté, ce qui nous intéresse, c'est la manière dont l'homme se plaît à jouer avec la monstruosité. La littérature populaire s'est bien entendu emparée de ce thème avec bonheur. Il ne s'agit pas de la mésestimer car elle offre à ses fidèles lecteurs des modèles qui nourrissent la réflexion philosophique. L'utopie d'une vie reconstituée est donc un projet utopique au sens premier du terme. C'est-à-dire qu'il échappe à la réalité et ne fonctionne que comme une « machine à rêves », une fantastique puissance onirique.

Gaston Leroux et sa machine à assassiner

L'ouvrage de Gaston Leroux, *La Poupée sanglante*,[40] fournit le lieu imaginaire de cette utopie, celui d'une rencontre entre le médecin – Jacques Cotentin – l'horloger – le vieux Norbert – et la machine baptisée Gabriel, automate composé de rouages et de chair illustrant la réussite de l'alliance entre la médecine et la mécanique. Pourtant, si l'automate semble fonctionner, il lui manque

[40] Gaston Leroux, *La Poupée sanglante*, deux tomes, Le Livre de Poche, Paris, 1976.

une dimension humaine, ce que fait remarquer Christine, la fille du vieil horloger : Gabriel peut se mouvoir, mais il a la tête vide ! Ce problème est corrigé le jour où la justice des hommes tranche la tête du poète et artisan relieur Bénédict Masson jugé coupable d'avoir tué, découpé puis brûlé sa dernière ouvrière connue après la disparition de sept autres avant elle… Masson nie être un meurtrier et accepte dans le secret de sa cellule un marché proposé par le jeune chirurgien Jacques Cotentin : avec l'accord de Masson, Cotentin s'engage à récupérer son cerveau à l'issue de l'exécution afin de l'implanter dans la machine. Comme le dit la dernière phrase du premier volume de *La Poupée sanglante*, le jour de l'exécution, l'aventure « ne faisait que commencer » : celle de *La Machine à assassiner*, tome 2 de *La Poupée sanglante*. C'est en effet dans ce deuxième tome que l'essentiel se joue, que la confusion est à son comble entre la machine et l'humain. Gabriel, désormais doté du cerveau de Masson, peut s'animer, non plus comme un androïde perfectionné, mais comme un homme, en mettant du sens dans ses mouvements. La monstruosité est ici dans ce défi opposé à la nature aussi bien que dans le refus de la mort et dans la capacité à créer la vie. Gaston Leroux, dans l'avant-propos de cette seconde partie, s'amuse ainsi à émettre le doute suivant : créer une telle machine a-t-il bien un sens ? N'est-ce pas aller trop loin ?

« “ La machine à assassiner ! ” quelle est cette invention nouvelle ? et le besoin s'en faisait-il réellement sentir ?

Il ne s'agit peut-être, après tout, que de cette vieille invention, sortie des mains de Dieu, aux plus beaux jours d'Eden, et qui devait s'appeler : l'Homme ! »

Aux accents démiurgiques de cette entreprise, Gaston Leroux ajoute une réflexion sur l'Histoire de l'humanité.

« En vérité, l'Histoire, depuis ses premières empreintes aux parois des cavernes jusqu'aux plus récents rayons de nos bibliothèques, est là pour attester que l'on n'a point encore trouvé de meilleure mécanique à répandre le sang !»[41]

L'*Artifex Maximus* est peut être le mieux placé pour comprendre cela et répondre à ce doute. En ce qui nous concerne, nous trouvons un intérêt majeur à cette machine : c'est qu'elle n'est pas dupe de sa nature. Mieux que beaucoup d'hommes étourdis par le questionnement métaphysique, elle sait que le secret de l'animation de la marionnette est derrière le rideau où des tiges de bois actionnent des ficelles : ici, c'est une mécanique précise, des rouages et leurs concepteurs. Ne sommes-nous donc pas revenus au pied d'une statue digne de Condillac ? Les concepteurs de Gabriel, contrairement au philosophe, n'ont pas pensé aux états d'âme de la poupée… Jacques Cotentin et le vieux Norbert n'ont pas usé de signes magiques ou religieux pour animer ce *golem*. C'est le cerveau d'un homme, donc une prouesse technique et scientifique qui est mise en scène. L'habileté de Gaston Leroux est de faire des deux personnages que sont l'horloger et le médecin, des êtres qui sont étrangers à la dimension romantique de l'ouvrage, comme si ce qu'il pouvait arriver à la machine n'était que littérature et leur échappait. Que ce soit le cerveau d'un homme condamné à tort et d'un poète passionné se transformant, comme de juste, en justicier impitoyable, tout cela est finalement pour la midinette, pour l'amateur de roman-feuilleton, pour tous ceux à qui il faut donner leur dose de frisson et d'aventure. Gaston Leroux les remet alors dans le droit chemin bien balisé du roman populaire en accord avec les atermoiements sentimentaux de Gabriel (son amour de toujours pour la fille de l'horloger, fiancée du chirurgien) et les rêves de la fille de Norbert (qui a toujours vu Gabriel comme un idéal masculin). En bon créateur éclairé, Gaston Leroux sait que

[41] Ibid., Avant-propos du Tome 2.

l'automate est le prototype du parfait héros car construit méticuleusement comme aucun autre, pièce par pièce par les personnages du roman, jusqu'à ce pauvre Bénédict Masson, nouvel avatar de Quasimodo, en qui la laideur n'a d'égal que la pureté d'âme. Celui-ci doit aussi payer de sa personne dans l'erreur judiciaire avant d'être entraîné dans la contrainte de différents dispositifs techniques : la froide sanction de la lame de la guillotine puis le transfert de son cerveau dans la machine. Nous pouvons jouer à l'envi de la duplicité de l'écrivain et de ses personnages, de cette fabuleuse mécanique que constitue son œuvre, mais il y a cependant une leçon dans tout cela.

L'important à retenir dans l'idée de la réalisation de cet automate est celle de la confrontation du temps humain et du temps mécanique : autre manière de se confronter à la monstruosité. N'oublions pas que Lucrèce limitait la vie du monstre aux défauts de ses organes et à sa stérilité. Là, inéluctablement la machine se ralentit et sans la clé pour la remonter : elle s'arrête. La loi implacable des rouages de l'horlogerie dicte le destin de la machine à assassiner. Elle n'est pas humaine car elle ne peut pas mourir et que ce sont les quelques tours de clé, auxquels il faut toujours revenir, qui lui redonnent sa capacité de mouvement. Dans le grand corps de Gabriel, il y a pourtant la vie, avec ses nerfs baignant «dans un liquide qui ne serait autre que le sérum dont Rockefeller se sert pour entretenir indéfiniment la vie des tissus ! Et qu'ils auraient soumis, en plus, à l'action du radium ! » [42] Une vie qui fait raisonner l'automate, lui fait prendre conscience des impasses de sa situation inédite et souhaiter sa mort, la seule qui vaille, celle des hommes et pas celle d'un mouvement d'horlogerie qui s'arrête faute d'être remonté en temps et en heure grâce à la clé.

Le lecteur de roman-feuilleton est comblé car tout cela ne peut être que tragique. La poupée qui sème la mort n'est

---

[42] Ibid., Tome 2, p. 88.

pas mortelle : elle peut disparaître, mais ne peut pas mourir. C'est la trame romanesque du texte, mais c'est aussi son intérêt philosophique : la poupée est prise entre deux temporalités, celle de ses mécanismes revenant sans cesse aux instances de ses ressorts pour toujours recommencer à s'animer et la temporalité importée au cœur de la machine par le cerveau de l'homme, qui bien que devenu intemporel, n'en a pas moins en lui – malgré lui –, dans ses réflexions, la représentation d'un temps orienté et fini. Métaphore ultime, ce cerveau qui a connu la mort sur l'échafaud, qui est remonté des enfers grâce à la machine, ne peut se défaire de la mort et rejette le temps mécanique. C'est une rencontre improbable dans laquelle le conflit temporel est inévitable. Mais n'est-ce pas après tout la reformulation d'un conflit qui a toujours habité l'homme et qu'ici l'automate a souligné à sa manière ?

Voilà une monstruosité bien étrange. Car Gabriel est également un monstre, doublement même. Déjà par son cerveau, il est en quelque sorte la réincarnation de Masson, l'être hideux et criminel aux yeux du monde ; et par son corps, il est un monstre mécanique qui défie la vie. Durant les deux volumes du texte de Gaston Leroux, ce n'est qu'un jeu de dissimulation. Le récit montre le relieur Masson qui se cache du monde si cruel avec lui, et Gabriel, aussi beau soit-il, qui est caché lui par ses concepteurs soucieux du secret qui doit entourer sa création. La fiction littéraire se plaît donc à exposer cette double monstruosité : placer le lecteur dans la position de celui qui voit ce qu'il est difficile de voir ou bien qu'il ne devrait pas voir.

Il y a en l'homme une énergie de la vie qui a toujours supposé que celle-ci soit confrontée à sa finitude et de ce fait, au désir d'immortalité. On trouve alors chez Gabriel la connaissance que ce nouveau corps, bien que mécanique, mais débarrassé de la laideur qui lui a tant pesée, puisse lui fournir une nouvelle opportunité pour réussir enfin sa vie.

Au cours d'une vie, le corps et la pensée évoluent : ce qu'il reste à bien marquer c'est le lien intime qui les unit… Pour Gabriel, l'élan du cœur et la passion ont trouvé un corps plus adapté même s'il doit tenir compte de la gaucherie de certains de ses mouvements trop mécaniques. La laideur avait mené Benedict Masson vers le drame. Ne serait-il pas temps d'entendre cette demande et de réconcilier ce qui n'aurait jamais dû être délié : la pensée et le corps ? Entendons que l'homme se présente toujours avec son corps, jamais comme pure essence comme a pu le vivre à ses dépens Masson dans le corps hideux du relieur et le corps idéal de la poupée. Car finalement lorsque Christine découvre la lettre d'adieu de Gabriel (il ne parle pas mais écrit), elle peut lire ces derniers mots :

« Non, il n'y a pas de plus grande douleur au monde que d'être un pur esprit ! La religion chrétienne a compris cela qui a mis au premier rang de ses dogmes : la résurrection de la chair ! Oui, Christine ! Voilà le paradis ! Renaître en chair et en os pour cueillir ton baiser éphémère dans lequel tu aurais mis l'éternité ! Mais l'éternité sans ce baiser-là je n'en veux plus !… » [43]

Le sens de l'humain se déploie dans l'espace-temps qui va de sa naissance à sa mort, la « poupée sanglante » n'a fait que rejouer cette partition. La poupée finira dans une armoire et le cerveau dans un « bocal *ad hoc* ». Pauvre Benedict Masson ! Il méritait mieux que cette fin de vulgaire objet rangé sur l'étagère d'un magasin, lui qui se voulait un sujet acteur de sa nouvelle vie espérée grâce aux étonnantes prouesses médicales et mécaniques. La poupée est définitivement rangée, à l'abri des regards.

La littérature dispose donc de l'utopie pour exprimer ses souhaits et ses peurs. Avant le récit fantastique de la *Poupée sanglante*, des textes utopiques ont su imaginer des sociétés et des hommes habitant des *non-lieux* propices à tous les

---

[43] Gaston Leroux, *La Machine à assassiner*, op.cit., p. 214.

projets politiques, sociaux et économiques. Nous pouvons penser au texte de Thomas More (*Utopia*) ou encore à celui de Tommaso Campanella et sa *Cité du soleil*. Pourtant, au début du XXe siècle, des hommes ont pensé défier le caractère même de l'utopie. Ou plutôt, ils ont voulu montrer que ce qui paraissait utopique devait devenir réalité et s'inscrire dans un espace bien défini. C'est la folle épopée de *l'homo sovieticus,* de ses avatars scientifiques et surtout idéologiques.

L'*homo sovieticus*

L'URSS a cru trouver dans la Révolution de 1917 un nouveau départ social et l'occasion de créer l'homme nouveau. Avant les grandes joutes sportives de l'après deuxième guerre mondiale où l'athlète communiste exaltera les vertus du socialisme, l'Union Soviétique a défendu l'idée de l'*homo sovieticus*. De l'ouvrier idéal Stakhanov au jeune Morozov – qui savait reconnaître les menées contre-révolutionnaires de ses parents – cette idée de l'*homo sovieticus* se déclinait en tranches de vie édifiantes – tellement édifiantes – qu'elles appartenaient parfois au pur fantasme notamment en ce qui concerne Stakhanov. Ceci est connu. Mais c'est aussi dans le corps biologique lui-même que se lit la chute d'un empire, celui de Nicolas II et la construction de ce monde nouveau auquel tant de travailleurs et de prolétaires ont pu s'accrocher. C'est dans le corps donc, et singulièrement dans le sang vu comme une métaphore, que va se produire un des plus grands bouleversements de l'Histoire et que, privilégié, le corps va ainsi se « réactualiser », se reconstruire pour une nouvelle humanité.

Jean Bernard dans un ouvrage intitulé *Le Sang et l'Histoire* [44] a cherché les rapports qui peuvent exister entre

[44] Jean Bernard, *Le Sang et l'Histoire*, Buchet/Chastel, Paris, 1983.

l'étude du sang et l'historiographie. Il y voit une méthode capable de suivre par ce biais les migrations, de repérer les générations, donc une autre manière de saisir le temps et l'espace de l'aventure humaine. Nous retenons de sa démonstration l'importance qu'il accorde à l'hémophilie des dirigeants dans l'histoire de la Russie. La maladie du tsarévitch Alexis aurait ainsi durablement affecté la politique de l'empire. Jean Bernard en apporte pour preuve des documents qui attestent combien l'empereur de toute les Russie était constamment attentif à l'état de son fils. Cela pouvait le conduire à souvent retarder des réunions diplomatiques et militaires de la plus grande importance: « Un hématome, une hémorragie articulaire du jeune prince arrêtaient soudain tout projet. »[45]

Il est encore facile pour Jean Bernard de montrer le rôle décisif de cette maladie dans l'influence démoniaque prise par Raspoutine, autre image du monstre qui n'a pas fini d'alimenter les fantasmes. Sans tenir compte des bien-fondés d'une telle thèse, nous en retenons pourtant que le sang a occupé un rôle dans l'histoire de la Russie et de l'URSS par la suite. Nous ne mesurerons pas jusqu'où la maladie du tsarévitch a pu jouer dans la politique du tsar Nicolas II et dans l'avènement de Lénine, mais elle fonctionne pour nous comme un marqueur : le sang, c'est la faiblesse d'un prince, mais c'est aussi la force supposée d'une nation, d'une race. L'image n'est donc pas prête de s'éteindre. Elle perdure.

Le sang a en effet toujours été lié à la puissance d'un groupe, d'une ethnie, d'une caste, pour le meilleur et souvent pour le pire. Le « sang bleu » a régné sans partage plusieurs siècles dans de nombreux royaumes, dont celui de France, et la puissance évocatrice du sang, de la race, a connu des heures bien sombres jusqu'à nos jours. À la faiblesse du prince Alexis correspond symétriquement la

[45] Ibid., p. 148.

force rêvée du nouvel homme né de la révolution bolchevique. Il a son mentor, son créateur, son idéologue, Alexandr Bogdanov (1873-1928), fondateur de l'Institut central de transfusion sanguine de l'Union Soviétique, à Moscou en 1926.

Bogdanov et l'utopie du corps régénéré

Bogdanov, de son vrai nom Aleksandr, Aleksandrovitch Malinovskii, fut un étudiant prolixe puisqu'il a suivi des études scientifiques (mathématiques, physique, biologie) et s'est également intéressé avec autant de passion à l'économie. Sanctionné pour appartenance à un groupe d'étudiants non officiel, il connaît l'exil en 1894 à Tula. Il se familiarise plus concrètement avec l'économie, rencontre des ouvriers, adhère au Parti Social-Démocrate et publie peu de temps après un livre qui retient l'attention de Lénine : *Cours abrégé d'économie* (1897). C'est à Kharhov qu'il devient étudiant en médecine et qu'il relie ses nouvelles études à la philosophie en publiant *Éléments fondamentaux d'une conception historique de la nature* (1899). Son parcours le mène ainsi à se rapprocher des bolcheviks jusqu'à devenir, un court moment en 1907, un dirigeant de ce groupe. Nous voyons que dans sa formation de jeunesse, il tente une synthèse entre les sciences, la médecine, l'économie et la philosophie, ce qui sera particulièrement décisif dans les thèses futures qu'il défendra. Il connaît la guerre de 1914 où il officie comme médecin, puis nous le retrouvons après la Révolution comme membre du Praesidium (1918-1926), professeur d'économie à l'Université de Moscou (1918-1921) et conseiller de l'ambassadeur soviétique en Angleterre en 1922 (impliqué dans les travaux du Traité de Versailles). C'est d'ailleurs en Angleterre qu'il étudie des recherches sur la transfusion sanguine et qu'il travaille dès lors au futur développement des transfusions en Union Soviétique. La première transfusion a lieu en mai 1926 dans l'Institut qui vient d'être créé à Moscou. Elle doit jouer un rôle décisif dans la création du « nouvel homme fort » du siècle.

Comment l'idée d'un « homme nouveau » a-t-elle pu naître dans un tel esprit? La synthèse de l'Histoire, de l'économie et des bienfaits supposés des transfusions sanguines ont déterminé dans l'esprit de Bogdanov ce que nous pouvons appeler un « surhomme », car il était question de l'immortalité de cette future créature (car créée de toute pièce par le génie soviétique). L'idée est grandiose. Mais comment un homme de science peut-il à l'orée du XXe siècle penser construire un tel projet ? La puissance souvent fantasmée plus qu'estimée des sciences et des techniques est un facteur qui révèle une partie de la réponse à cette question.

Dans *Contre la peur* Dominique Lecourt consacre un chapitre à l'importance de l'utopie dans la construction des pensées donnant une importance déterminante aux sciences et aux techniques. Il est intitulé : « Le rêve du chancelier Bacon ».[46] Il est singulier de constater que Bogdanov cultive lui aussi son utopie et qu'il la construit – non pas en URSS comme pourraient le penser des critiques faciles – mais en un lieu singulier (ou non-lieu pour être fidèle à l'étymologie) qui est la planète Mars. Il est alors instructif de comparer les deux rêves : celui du chancelier Bacon et celui de l'éminent savant bolchévique, membre du Praesidium, Bogdanov.

Francis Bacon (1560-1626) laisse à sa mort un texte inachevé : *La Nouvelle Atlantide*. Pour celui qui a pu être présenté comme l'initiateur de la méthode expérimentale, ce texte suppose une description de ce que pourrait être une société où les sciences et les techniques seraient venues

---

[46] Dominique Lecourt, *Contre la peur*, Hachette, Paris, 1ère édition, 1990 ; 2e édition, Quadrige, Paris, 2007.

assurer la sauvegarde et l'avenir de l'homme. Cette cité utopique est une île mystérieuse des mers du Sud. La trame en est simple. Des navigateurs égarés dans les confins de mers inexplorées abordent enfin une île alors que les vivres manquent et qu'ils ont commencé de recommander leurs âmes à Dieu. C'est donc, en état de grande faiblesse, que ces misérables aperçoivent d'abord une terre, bientôt une ville, puis « plusieurs personnes munies de bâtons ». Les voilà plongés dans le désespoir. En fait, les craintes sont vite levées et les habitants s'avèrent plus hospitaliers que ne le laissait prévoir le premier contact. Il ne s'agit pas de répéter l'aventure contée par Bacon mais de noter que depuis leur rencontre un lien de subordination évident s'est installé entre les malheureux navigateurs et leurs hôtes : par la faim et la maladie des uns tout d'abord, puis par la sagesse du comportement et le savoir des autres. Car c'est bien là où veut en venir Bacon, considérant des guérisons quasi miraculeuses qui ne manquent pas d'intriguer les marins sur la puissance de la médecine de leurs sauveteurs. Ils vont découvrir tout ce qui fait que cette terre est littéralement une nouvelle Atlantide. Elle se nomme Bensalem. Le chapelain W. Rawley qui a présidé à l'édition du texte de Bacon la présente en ces termes : « Cette fable, mon Maître l'a conçue afin de pouvoir y présenter un modèle ou une description d'un collège qui serait fondé en vue de l'interprétation de la nature et de la production de grandes et merveilleuses œuvres pour le bien de tout le genre humain [...] la Maison de Salomon, ou encore le Collège de l'œuvre des Six Jours. »[47]

La science et la morale sont réunies dans une société idéale qui chante les louanges de la connaissance. La guerre a disparu entre ses membres du fait de la sagesse acquise, la disette est désormais inconnue grâce à une agronomie

[47] Francis Bacon, *La Nouvelle Atlantide*, GF-, Flammarion, Paris, 1995, p. 81.

maîtrisée et la maladie est vaincue grâce à une médecine de pointe. Tout est fait pour que les membres de Bensalem vivent dans un monde idéal éloigné des turpitudes de celui des hommes qui n'ont pas encore compris ce que peuvent apporter les sciences et les techniques. Dominique Lecourt y voit l'acte de naissance de l'idée de progrès qui connaîtra ses heures de gloire à partir du XVIIIᵉ, puis au XIXᵉ siècle avec la révolution industrielle. Ce rêve baconien trouve chez Bogdanov une transcription fidèle et cela va même au-delà.

Dans *L'Étoile Rouge* (1908),[48] Bogdanov agit en quelque sorte comme le chancelier Bacon. Ainsi, profitant de ses méditations intellectuelles en économie et en médecine, il met en scène sa cité idéale qui préfigure celle que les soviets sauront créer. Il situe son utopie sur la planète Mars. Existe-t-il une meilleure place pour une société socialiste que la planète rouge ? Au-delà de ce clin d'œil malicieux que n'auraient pas désavoué les *comics* américains des années 50, Bogdanov peut ainsi présenter la genèse d'une société idéale qui après être passée par la lutte des classes a pu atteindre un développement sans pareil. Si la description des Martiens n'a vraiment rien d'original avec leurs têtes hypertrophiées, retenons que l'essentiel est dans la place qu'occupent la science et ses réalisations. Il faudrait même parler de sciences appliquées pour être plus précis, comme pour Bacon et selon la version hyperbolique de la veine cartésienne du « comme maître et possesseur de la nature ». Celles et ceux qui connaissent le célèbre film de Fritz Lang « Métropolis » [49] ne seraient pas dépaysés par cette planète Mars vouée à la production et à la rentabilité : partout des cadrans, des tableaux lumineux affichant la

[48] Alexandr Bogdanov, *Red Star. The first Bolshevik Utopia*, Bloomington Indiana University Press, 1984.

[49] Fritz Lang, « Metropolis », film de 1927 produit par la UFA, adaptation du roman de Thea von Harbou.

production des travailleurs, les besoins, les mesures. Tout ceci est décrit dans un univers maîtrisé par la technologie triomphante qui n'abandonne rien au hasard et trouve son aboutissement dans la planification rationnelle affichée en permanence comme l'idéal à atteindre. L'usine est le lieu privilégié de l'utopie de Bogdanov, sans oublier le musée et la maison des enfants. L'Histoire est donc en marche (l'usine), son mouvement doit pouvoir se lire (l'éducation des enfants) et se voir (le musée). Et bien entendu, on découvre la clinique que les Martiens font visiter aux humains débarqués sur leur planète, comme les habitants de Bensalem montraient aux naufragés les prodiges permis par leurs différents travaux scientifiques.

La clinique martienne comporte deux lieux privilégiés : celui de la mort et celui de la vie. La salle des mourants est réservée à ceux qui ne veulent pas attendre leur fin naturelle et inéluctable. Pour ceux qui ont choisi d'abréger leur vie, on a aménagé un espace apaisant : œuvres d'art et paysages idylliques sont visibles depuis cette pièce. À l'inverse, les Martiens qui veulent prolonger leur existence se rendent dans l'autre salle pour bénéficier d'une exceptionnelle longévité due aux vertus de la transfusion sanguine. Le principe est de transférer du sang d'une personne jeune à une autre plus âgée. Le sang de l'une se mêle au sang de l'autre, les deux sangs cohabitant dans chaque organisme. Ce don sanguin est un des piliers de la société martienne fondée sur le collectivisme. Si les hommes tiennent tant à leur sang au point d'en revendiquer sa spécificité, c'est un effet de leur égoïsme dévastateur puisque s'ils consentent à se dire « frères de sang », c'est avec toutes les valeurs aristocratiques et donc contre-révolutionnaires que cela peut supposer. Il ne s'agit pas d'un simple symbole sur Mars, cet échange sanguin entre Martiens ne marque pas un pacte « à la vie à la mort », mais bien une mise en commun réfléchie des ressources biologiques de chacun au profit de tous, de la collectivité : le message politique est très clair.

Bogdanov n'oublie pas d'avantage le mythe du vampire dans un autre ouvrage : *L'Ingénieur Menni* (1912)[50] où il est encore question de vitalité liée au sang et à lui seul. Intéressant, car c'est l'idée du surhomme (fut-il Martien !) qui y est revisitée. Sur Mars, la transfusion agit pour le bien, elle est la condition d'une vie longue, heureuse et consacrée à la société. Dans le vampirisme, nous avons un prédateur qui vole la vie d'un autre. En s'emparant de son sang, il le vide alors littéralement de sa puissance vitale, de son énergie. Métaphoriquement, on a ainsi pu souvent parler de vampirisme social en désignant les exploiteurs de toutes les catégories qui se régénèrent avec une telle « transfusion » violente. En son temps, dans l'article « Vampires » de son *Dictionnaire philosophique*, Voltaire a tenté de démêler ce qui se dit sur le mythe et noté un facteur essentiel, d'essence religieuse : « Les rois de Perse furent, dit-on, les premiers qui se firent servir à manger après leur mort. Presque tous les rois d'aujourd'hui les imitent mais ce sont les moines qui mangent leur dîner et leur souper, et qui boivent le vin. Ainsi les rois ne sont pas, à proprement parler, des vampires. Les vrais vampires sont les moines qui mangent aux dépens des rois et des peuples. »[51] À bon entendeur…

Sur les buveurs de sang qui profitent du peuple, les avis sont partagés et, pour Bogdanov, cette métaphore est certainement moins simpliste qu'il n'y paraît. Sa vision de l'Histoire lui fait opposer les idées mortes et les idées neuves de progrès. Il montre le combat qui s'engage entre ces forces mortes et vives. C'est à chaque individu de considérer si sa vie est génératrice de progrès ou si au contraire elle attaque la vitalité de la société. C'est en effet

---

[50] Alexandr Bogdanov, *L'Étoile Rouge, L'Ingénieur Menni*, Lausanne, L'Âge d'Homme, 1985.

[51] Voltaire, *Dictionnaire philosophique*, article « Vampires », Éditions de Kehl, 1784-1787.

le modèle développé dans son utopie où les Martiens viennent se régénérer grâce à un sang jeune ou bien mourir, conscients que leurs vies ne valent plus la peine d'être vécues, non seulement pour eux, mais pour la bonne santé du groupe. Cette responsabilisation individuelle tranche avec des politiques d'État où ce sont des institutions qui sont chargées de définir qui est un parasite, qui est utile, ce qui est de bon goût, ou pas. Le bolchevisme de Bogdanov donne une place encore très grande à l'individu, à la conscience personnelle, dans ce qu'on appelle le « corps social ». Comme s'il se défiait d'un monstre possible qui ne demanderait qu'à venir et qui n'aurait certainement pas la tête hypertrophiée du Martien décrite jusque dans les *comics* américains, celui qui viendrait sur Terre engagé la guerre des Mondes. Il s'agira, ici encore, à partir d'un défi scientifico-technique dû au progrès, de régler un problème idéologique.

D'autre part, le vampirisme prend chez Bogdanov une signification moins fantastique si l'on n'oublie pas qu'il se pense d'abord comme un des pionniers de la transfusion sanguine. L'homme moderne n'est pas pour lui une utopie même s'il a fallu en passer par l'exercice littéraire pour en parler. Tout comme Bacon avant lui, Bogdanov a une idée très précise de ses propres travaux et ne peut s'empêcher de devancer le temps qui propose une trop longue attente pour voir advenir les réalisations souhaitées. Le monisme de Bogdanov retient l'idée d'une existence profondément modifiée par les progrès futurs liés au prolongement de la vie et cette autre idée d'une société repensée par les possibles échanges physiologiques, notamment sanguins rendus possibles grâce à la science. Ces différents échanges devenus artificiels vont ainsi s'ajouter à la diversité de la reproduction sexuée – où le mélange des sangs est déjà une réalité – et Bogdanov n'oublie pas les échanges culturels liant de manière si indissoluble le corps et l'âme. Le plus extraordinaire de son histoire est qu'il commence avant sa mort de donner une réalité à ses idées en débutant des essais à Moscou de transfusion sanguine à des fins régénératives et thérapeutiques. C'est ainsi qu'il succombera après une transfusion avec un étudiant malade qu'il pensait aider en échangeant leurs sangs comme une promesse de vie, ne trouvant que sa propre mort à l'issue de cette tentative.

Les chimères d'Ivanov

Plus inquiétants encore furent les travaux de Ilya Ivanovitch Ivanov (1870-1932 ?) qui lui aussi s'est intéressé au cas de l'*homo sovieticus*. Ce biologiste s'est fait connaître pour ses recherches en zootechnie. Il s'est concentré sur un domaine bien particulier : celui de l'insémination artificielle (IA) des animaux. Technique née dans le monde arabe (notamment au XIVe siècle), elle est perfectionnée à la fin du XVIIIe siècle par Lazzaro Spallanzani (1729-1799) qui réalise l'insémination d'une chienne en injectant du sperme. Ivanov et ses collaborateurs travaillent au début du XXe siècle sur les techniques d'insémination artificielle du cheval. Mais où ces travaux deviennent importants pour nous, c'est lorsqu'il se lance dans la réalisation d'hybrides : le Zeedonk (un hybride de zèbre et d'âne) est le plus connu et il préfigure d'autres chimères...

Déjà avant la Révolution bolchevik de 1917, dès 1910, Ivanov avait réfléchi à l'hybridation possible d'un homme et d'un singe à l'aide de l'insémination artificielle. Jusqu'à nos jours, un tel projet a activé les fantasmes les plus fous et notons à ce propos l'article que lui consacre A. Etkind de l'Université de Cambridge.[52] L'idée même de fabriquer de tels hybrides à des fins de recherche, avec la vague idée

---

[52] A. Etkind, *Stud Hist Philos Biol Biomed Sci.* 2008 Jun ; 39 (2) : 205-10. Epub 2008 Mai 16.

d'obtenir des êtres inférieurs à qui seraient alloués des tâches pénibles est suffisamment inquiétante pour ne pas être soulignée. Après une première tentative d'insémination de femme noire avec du sperme de singe, Ivanov tente l'inverse, à savoir l'insémination artificielle d'une femelle chimpanzé avec du sperme humain. Il cherche ensuite des femmes volontaires voulant participer à la gloire de l'Union Soviétique afin de tenter à nouveau l'insémination d'une femme par du sperme d'orang-outang. Rien de tout cela ne débouchera sur quelque chose, si ce n'est pour nous le constat d'une réalité folle : cela s'est effectivement passé, cela a pu être pensé et planifié[53].

La monstruosité est bien présente dans de tels travaux et elle souligne le dévoiement des sciences et des techniques. Surtout, cette anticipation d'une nouvelle espèce se pliant à la volonté des hommes, nous amène à penser que le désir de domination débarrassé de problèmes de conscience est capable de fournir de bien étranges comportements. La monstruosité qui mérite d'être désormais observée est là. En effet la nature a fourni de quoi alimenter les fantasmes, mais ne dépasse jamais les promesses de l'homme en ce domaine, car lui sait parfaitement où il va – du moins le pense-t-il – et finalise ses projets avec attention, sans perdre de vue les intérêts les plus vils. Faut-il pour autant se retrancher derrière de tels errements pour se défier définitivement des techniques qui seraient capables de telles réalisations ou qui, en leur temps, ont pu tenter d'y participer avec zèle ? Nous pensons que ce serait très réducteur.

---

[53] Voir également les délires d'un homme nouveau à la même époque dans les pensées fascistes et les horreurs nazis, notamment le chapitre 7 de *La Condition corporelle*, op. cit.

4

Le cinéma du monstre

« Un acteur on le voit comme à travers des cristaux
L'inspiration à paliers.
Il ne faut pas trop laisser passer la littérature. »
Antonin Artaud, *Le Pèse-nerfs*.

Si la nature s'avère économe en monstruosité, nous avons vu que l'imagination humaine pouvait toujours y remédier.

Notons tout d'abord que cette prolixité à écrire des traités sur les monstres, des histoires sur les monstres, à dessiner des monstres, à peindre des monstres va de pair avec l'œuvre de « faiseurs de monstres » qui poursuivent un goût pour l'extraordinaire, pour l'inédit. C'est la loi du genre : une fuite en avant vers toujours plus de sensationnel, d'exubérances, de peurs et toujours, finalement, de morale sauvée.

Notre route est donc désormais tracée. Nous cherchons ce que l'homme peut penser grâce à la figure du monstre et quelle utilité il lui donne en cherchant à le multiplier dans des productions cinématographiques. Elles feront de lui un personnage central du cinéma. C'est monstre et merveille...

Lorsque Georges Demeny, l'assistant d'Étienne-Jules Marey, quittait le laboratoire de physiologie et emportait avec lui des bandes chronophotographiques décomposant le mouvement, il avait une idée très précise. Ce qu'il voulait, c'était montrer la magie de ces images animées que la chronophotographie figeait pour analyse. Marey cherchait à arrêter le mouvement pour le disséquer à des fins scientifiques. L'appareil de chronophotographie avait été conçu dans ce but. Mais Demeny savait qu'il suffisait d'inverser le processus pour que ces images, saisissant le mouvement dans des instantanés, redeviennent des images animées. C'est pour cela que Marey peut être considéré en cette fin du XIXe siècle comme l'un des inventeurs du cinématographe.

Mais tel n'était pas son souhait et il fut même irrité de voir Demeny se livrer à de tels enfantillages alors que la science était en train d'accomplir d'importants progrès grâce à ce procédé. Demeny fut donc renvoyé à ces projets de saltimbanque. On connait la suite. L'apport décisif des frères Lumière avec leur appareil cinématographique allait définitivement changer la donne et ainsi l'histoire de l'art.

En effet, c'est tout à la fois les spectacles de magie, le théâtre, l'esprit forain qui allaient être réévalués du fait de cette nouvelle possibilité : projeter des images animées devait modifier le monde, d'autant plus que ces images pouvaient être travaillées et donner lieu à des trucages inconnus jusqu'alors. L'industrie du cinéma allait naître et avec elle pouvaient se concrétiser des mondes imaginaires et les créatures non moins imaginaires qui les peuplaient.

Méliès quitte la scène pour le plateau

Marie Georges Jean Méliès (1861-1938) a découvert les spectacles de magie en Angleterre où son père, directeur d'une manufacture de chaussures, l'avait envoyé apprendre le commerce. Pourtant, ce n'est pas un commercial qui revient de ce séjour outre-Manche, mais un véritable artiste, et pas n'importe lequel : un artiste qui se veut maître de l'illusion et de ses prodiges.

C'est donc avec la magie que Méliès débute sa carrière dès l'année 1886 sous le pseudonyme du Docteur Mélius. Il devient deux ans plus tard propriétaire du Théâtre Robert Houdin. C'est alors le temple de l'illusion en France. Il a été autrefois habité par Houdin son illustre prédécesseur. Celui-ci passait pour le prince des magiciens et se voyait comme le digne et fier successeur du grand Houdini. Lourd héritage !

Le 28 décembre 1895 fut un tournant dans sa vie. À deux pas de son théâtre, au Grand Café, Antoine Lumière invite Méliès à une représentation du cinématographe donnée par ses deux fils Auguste et Louis. Dès l'année suivante, Méliès intègre la nouvelle et prometteuse technique à ses spectacles grâce au kinétographe, un appareil de prise de vue aux origines incertaines mais qu'il a su mettre au point pour son art. Plus précisément, ce qu'il développe en bon illusionniste, c'est l'art de truquer les images. Les « effets spéciaux » viennent de rentrer dans l'histoire du cinéma. En 1897, Méliès fait construire le premier studio de cinéma français, « l'Atelier A » chez lui à Montreuil-sous-Bois. Il a désormais un lieu dédié à ses créations, ses fantaisies, où son imagination débridée pourra faire des merveilles et nous léguer un trésor cinématographique.

Il ne reste plus qu'aux spectateurs que nous sommes de nous émerveiller des films que Méliès va réaliser jusqu'en 1912. Cette rencontre avec un univers merveilleux nous renvoie à l'idée du monstre, car nous restons attentifs à la pensée de Georges Canguilhem enseignant l'idée que : « Le monstrueux est du merveilleux à rebours, mais c'est du merveilleux malgré tout. »[54] Disons alors, comme si nous passions un film à l'envers, que le merveilleux est du monstre à rebours. L'œuvre de Méliès présente des hommes jouant avec leurs têtes, une Lune criant lorsqu'elle reçoit un

---

[54] Georges Canguilhem, *La Connaissance de la vie*, p.173, Vrin, Paris, 1980.

projectile dans l'œil droit et d'autres créatures improbables. Ce cinéma est donc résolument tourné vers la représentation d'un monde extraordinaire. Mais il parle toujours de notre monde : celui de la banalité de nos vies. Celles dont nous voulons parfois sortir afin de mieux nous sentir exister. Ce sont donc surtout des monstres débonnaires que saisit le kinétographe : des monstres faits de carton et de tissu, loin de l'effroi et du déchaînement de violence des monstres habituellement représentés. Ils ont pactisé avec un monde merveilleux, transcendant leur première nature morbide avec le souci d'être exemplaires.

La magie Méliès

Le merveilleux est à portée de mains pour un tel artiste. Revisitant l'*Odyssée* d'Homère[55], Méliès se joue du temps et de l'espace. Le cinématographe lui permet ces nouvelles fantaisies. Justement, Ulysse ne sait plus depuis combien de temps il est là sur ce morceau de Terre du bout du monde. L'île de Calypso est si loin. Comment l'aborder sans utiliser cette fantastique machine qui fabrique des images et les anime ? Méliès se lance donc dans sa propre odyssée, elle l'emmène dans les confins du rêve et de l'imagination. Le face à face amoureux d'Ulysse et de la nymphe, Méliès le fait revivre à sa manière, avec son nouvel art. C'est le temps retrouvé de la création, un temps où l'épopée d'Ulysse est reconstruite.

Ulysse est réfugié chez Calypso. Il est arrivé au bout d'un voyage qui ne peut satisfaire le cinéaste. Pour trouver une fin digne de ce nom à son film, il devra revoir la copie d'Homère, y ajouter du suspense. Caché, Ulysse semble en sécurité : cela transparaît dans la mise en scène de Méliès. Mais il paraît alors trop serein et le cyclope vient dramatiser

[55] Georges Méliès, « L'île de Calypso ou Ulysse et le géant Polyphème », « The mysterious island », 1905, 3'36.

le scénario réécrit à l'aune de l'inspiration de Méliès. Il est essentiel de tenir le spectateur en haleine.

Le géant Polyphème semble plus hébété que furieux lorsqu'il sort de sa grotte, comme s'il ne voulait pas déranger cette quiétude. Mais le destin d'Ulysse est tout tracé. La nymphe Calypso l'a déjà retenu trop d'années. La lutte s'engage entre le héros et le monstre. Ulysse n'a pas besoin de ses compagnons pour ce combat. Méliès revisite le mythe comme tout conteur avant Homère. C'est son droit. Il est l'héritier de ceux qui agençaient leurs récits au gré de leur cheminement et de la nature de leur public.

Méliès est un poète au sens strict du mot. Le boniment qui accompagne ses films rappelle l'oralité première du mythe que l'image vient sublimer. La caverne platonicienne est envahie par les nymphes, les monstres et les héros. Le philosophe de *La République* n'en reviendrait pas de voir ces images, ces figures de l'illusion donner leur spectacle. Le kinétographe a enfermé ces personnages dans le cadre de sa prise de vue. Ils sont aussi exposés qu'Ulysse pouvait être caché. Dans ces jeux de lumières et d'ombres s'écrit une nouvelle vérité. Elle est merveilleuse et fait tant de bien aux hommes ! Calypso y fait l'amour avec Ulysse. Ils sont bien loin de la quête d'un idéal éthéré. Ce sont leurs corps qui vibrent et habitent ce petit paradis. Hermes lui-même, nous a-t-on dit, en fut ébloui lorsqu'il le visita. Méliès offre cela à tous ceux qui se pressent pour voir s'animer les images de ce mythe toujours repris et toujours reformulé par la poésie de celui qui le porte. Il se fait ainsi le messager de la vie. Méliès peut alors nous faire visiter un monde adapté à sa démesure : celui du cinématographe. C'est celui d'un espace et d'un temps reconstruit par la machine. Le mécanisme discontinu du kinétographe donne le nouveau rythme.

L'intensité du travail voulu par la création de ses œuvres ne semble pas avoir de limites. Méliès construit un art de nouvelles traditions. Il prend sens dans les ombres de son studio. La tâche est d'importance. Pour donner vie à un tel imaginaire, du début jusqu'à la fin de son travail, il obéit à des contraintes. Elles ne sont pas qu'artistiques. Elles sont le plus souvent imposées par la rationalité du dispositif cinématographique. Celle-ci est dictée par l'ordre de la technique et s'y ajoute la perfection esthétique voulue du spectacle. Est-ce cela qui participe à l'alchimie créatrice du merveilleux, à la beauté et l'éternité de ses réalisations ?

Les mouvements de ses acteurs s'accordent aux décors glissant derrière eux. L'action de la lumière est sublimée par un jeu d'ombres et de faux semblants réinventant la chaleur apollinnienne de l'astre solaire. Pourtant, Méliès n'oublie pas qu'il est le plus souvent du côté de Dionysos… Alors, cela flambe, cela virevolte, cela pétille comme plus jamais personne ne saura peut-être le faire avec autant de maladresse assumée. La musique du grand choral de « La Nuit américaine » de Truffaut, que nous devons à Georges Delerue, est la plus à même de restituer cette impression de grandeur désuète, cette magie encore présente, vieux siècle. Avec Méliès, il s'agit toujours de courir après l'ombre pour mieux retrouver en pleine lumière les héros des mythes éternels.

La douceur aimante de Calypso contraste avec un monde fait d'horribles créatures, où la mort rôde prête à engloutir Ulysse. Calypso cherche à sublimer la nature d'Ulysse, à en faire un dieu. Voilà ce que Méliès n'oublie pas. Alors, il met au service de cette mission toute la richesse de sa technique et l'inventivité de sa mise en scène qui préfère les plans d'ensemble aux gros plans. Méliès invite le spectateur au spectacle et veut que ce soit une expérience inouie. Le véritable monstre chez Méliès, c'est le dispositif technique lui-même, c'est lui qui avale les spectateurs tout autant que les personnages, c'est lui qui donne vie et mort.

Ce « monstre-technique » possède des impératifs précis.

Ils sont multiples (techniques, financiers) et pas toujours conciliables avec d'autres plus esthétiques. Le cinéaste Méliès est donc à la fois artiste et entrepreneur. Il a ainsi des exigences artistiques et entrepreneuriales. Elles peuvent être contradictoires. Comment être intransigeant avec son art tout en le conciliant avec des impératifs aussi rudes que ceux imposés par l'économie ? Ce sont des conditions de travail où parfois le débat est impossible, où l'urgence commande. Elle est tour à tour celle de la technique, des finances ou de l'inspiration du créateur. Tous les films de Méliès témoignent ainsi d'une organisation où l'aspect technique joue un rôle majeur dans son dispositif de création cinématographique. La liberté d'invention est à ce prix.

C'est donc bien une technique monstrueuse et dévorante qui emportera Méliès, comme d'autres créateurs. Peut-être lui manquait-il le cynisme nécessaire pour faire prospérer certaines affaires ? C'est un autre monstre que celui des affaires. Et pas le moindre.

David Cronenberg

Dans le goût de l'étrange et la fascination pour la violence s'affirmant comme genre cinématographique, il y a un homme dont le talent sublime l'un et l'autre. Avec sa manière de filmer, ses mises en scène, il donne un style reconnaissable à des aventures aussi improbables que celle d'un savant se transformant en mouche ou encore celle qui convie l'érotisme dans le fracas et l'entremêlement de tôles de voitures disloquées. Avec « La Mouche » et « Crash », David Cronenberg réalise deux films qui ont toute leur place dans ce court traité consacré à la monstruosité et au merveilleux, car il les sublime en leur donnant leurs visages inquiétants.

La Mouche

Avec « La Mouche », c'est le thème éternel de la bête présente en l'homme qui est revisité par Cronenberg. Lointaine descendante des monstres du studio A de Méliès, la mouche qui s'empare du savant fasciné par la téléportation est là pour nous projeter dans la représentation de l'horrible incarné. Cronenberg, fasciné par les corps, leur beauté et leur énergie, trouve avec la mouche un être qui, plus que tout autre, fait oublier ce que le corps d'un homme peut précisément avoir de si *humain* dans sa morphologie.

Un corps humain, ce sont des membres attachés à un torse et cet ensemble définit ainsi une harmonie. De Vitruve à Léonard de Vinci, on a cherché quel était le point central de cette harmonie, par quoi il pouvait être défini. Il y avait quelque chose de pythagoricien dans cette entreprise. Les proportions du corps, leur idéal, nous renvoient donc à une harmonie cosmique. Le corps de l'homme a cette puissance mystique en lui de nous rattacher à un monde invisible à l'œil nu. Ce monde est celui des calculs et des harmonies cachées que seules les mathématiques et leurs équations peuvent débusquer. Il s'agit bien d'une quête lorsqu'il est question de retrouver des correspondances idéales dans les nombres et les mesures. C'est peut-être le secret de la vie elle-même qui se joue dans ces calculs et ces équations.

On voit donc tout le profit qu'il y a à tirer d'un corps humain se transformant progressivement en mouche. Plus on s'éloigne de l'idéal mesuré et représenté par un maître comme Vinci, plus on se rapproche aussi de l'Homme. Paradoxe ? Non. Cronenberg filme une quête désespérée en montrant la monstrueuse transformation du savant Seth Brundle en mouche. À mesure que toute figure humaine disparaît, c'est précisément à elle aussi que le spectateur se raccroche. Parfois, la beauté même est si monstrueuse, que l'on y cherche des défauts nous ramenant à notre humanité.

C'est bien toujours et encore le même jeu de dupe et de mesures, d'évaluations et, finalement, de reconnaissance de notre humanité. Cette quête est le plus souvent sans pitié.

En filmant cette lente mutation de Brundle en mouche, Cronenberg nous invite donc à réfléchir sur notre humanité, sur notre corps. Le monstrueux changement s'opère donc par étapes successives. Le corps de l'insecte s'empare peu à peu du savant. Il n'y a pas de rupture radicale comme le suggérait Kafka dans *La Métamorphose*. Cela créé ainsi un vertige d'autant plus grand : les contours mêmes de l'humanité s'effacent progressivement. Cronenberg nous invite alors à une perte de repères graduelle et inéluctable. Comme un peintre qui construit un portrait, Cronenberg déconstruit lentement Brundle par touches successives. Le spectateur est amené à s'interroger sur ce qui fait l'homme, sur ce qui peut donner sens à son humanité. Jusqu'à quand est-ce tolérable de voir un corps se décomposer en ignoble insecte ? Existe-t-il une limite de l'acceptable ? Question essentielle que Quasimodo nous posait déjà frontalement… Quel sens donner à tout cela ?

Peut-on être un « quasi homme » ? C'est l'histoire bien ordinaire, bien connue des hommes qui sont confrontés à leur finitude et à la lente, ou plus rapide, dégradation de leurs corps : un vertige existentiel.

Mais cette histoire ne serait pas complète si l'on n'avait pas un autre argument. Tout cela n'arrive pas à Brundle totalement par hasard. Souvenons-nous ici du docteur Frankenstein et de son monstre. Lui aussi – le docteur – a dû expier (et le monstre n'a pas été épargné) car ce n'est pas acceptable autrement. En effet, il faut bien qu'il y ait une raison supérieure à cela, une morale : l'humanité en est friande, cela la rassure. Le Dr Frankenstein voit dans le corps de sa créature l'expiation de sa propre volonté de puissance et de ses désirs démiurgiques. La poétesse Mary Shelley met en scène un dualisme âme/corps presque parfait. Au docteur sont dévolus l'âme, ses soucis et les affreux tourments qui vont avec, au monstre, le corps marqué par la laideur qui n'est alors que le miroir de l'âme de son créateur. Cette dualité est radicalement revisitée par Cronenberg. Le savant Brundle est toujours seul avec sa technique, comme l'était le Dr Frankenstein. Mais il ne se dédouble pas. Il se confond avec le corps irréductible du monstre, payant véritablement de sa personne comme héros malheureux d'une prouesse technique.

Tout d'abord, Brundle est le savant moderne qui n'hésite pas à faire de son propre corps le lieu de l'expérience. Après les condamnés à mort et autres pauvres diables abandonnés aux manipulations, le savant devient ainsi le « héros » de ses recherches. Comme si défier le sort à travers son propre corps exemptait de toutes les exigences morales vis-à-vis de l'humanité. Le problème posé n'est pas anodin et mérite réflexion. Il paraît en effet bien difficile d'extraire le corps du savant de l'humanité elle-même. Mais nous préférons examiner une autre piste : celle du questionnement proposé par Cronenberg sur les rapports entre l'esprit et le corps, rapports qu'il instaure à l'aide de la monstruosité et de ses excès.

Il y a par ailleurs un autre personnage essentiel dans cette aventure : la femme amoureuse de Brundle. C'est déjà dans son regard que Cronenberg montre la transformation du savant. Elle propose ainsi un point de vue qui réévalue la question posée auparavant, à savoir ce qui est acceptable ou non dans le rapport au corps de l'autre. Comme si Calypso avait perdu Ulysse et se retrouvait seule avec le monstre Polyphème.

Mais c'est un bien étrange Polyphème : si celui-ci est un cyclope, la mouche elle présente un tout autre visage. L'œil solitaire de Polyphème est certes inquiétant dans ce qu'il a d'humain et de monstrueux. Le regard de Brundle devenu mouche n'est plus humain. L'insecte, littéralement, ne voit pas comme nous. Est-ce donc une réponse à la question récurrente posée sur ce qui est acceptable ou non dans le corps monstrueux ? Le regard est-il alors le signe ultime de notre humanité ? Cette façon de voir du monstre donnée comme miroir de l'âme se confronte à notre propre regard dans un jeu inquiétant. Nous voyons ce regard mais lui, que voit-il ?

Comment se reconnaître dans le regard d'une mouche ? En ne nous reconnaissant pas, c'est l'altérité de l'autre que nous perdons également. Toute la dimension monstrueuse de l'intrigue est là. Jusqu'où cette femme pourrait-elle voir en Brundle l'homme qu'elle aime, puisqu'elle-même est déconstruite dans les yeux à facettes de la mouche ? Elle perd ainsi tous ses repères. Quel sens y a-t-il encore à être une femme ? Quel sens peut-on donner aux sentiments ?

Lorsque l'homme est confronté à ce qu'il perçoit comme l'horreur absolue, son monde si familier apparait d'une fragilité extraordinaire. Tout ce qui en constitue la force, sa minéralité, s'effrite et ne représente bientôt plus rien. C'est un cauchemar éveillé que celui de se confronter au monstre lorsqu'il devient aussi implacable que la Gorgone. Notre faiblesse est patente, irréversible. C'est une image de ce type que le regard de Brundle renvoie lorsqu'il est devenu mouche. L'humain a perdu de sa superbe. Il est renvoyé aux origines, à ce que Canguilhem nommait l'*anomalie* qui est pourtant la genèse de la vie et que certains nommeront à tort la « norme ». Ceux-là cherchent ainsi à se rassurer eux-mêmes. Ils n'hésiteront donc pas à traquer cette anormalité devenue désormais nécessaire à leur propre reconnaissance.

Tout cela est trop évident, Cronenberg le sait et c'est ce qui fait aussi la beauté de son œuvre. Brundle, en ce sens, est un véritable héros, il retourne aux enfers initiaux, à l'erreur du départ. Elle aurait pu être irrémédiable. Elle aurait pu consacrer un être différent. Qui sait ? Il retourne aux enfers et ne se retourne pas, ou presque. Tout est dans cette nuance. Il choisit finalement de marcher droit devant lui. Cette cabine où s'opère la transformation symbolise le lieu où l'humain atteint des limites le confrontant à lui-même. Le monde et l'Histoire n'ont pas été avares de ces lieux cruciaux et inouïs repoussant brutalement les limites de l'envisageable. Ces lieux et ces temps ont pu prendre mille visages : de la guerre aux épidémies. Ils ont créé des peurs, donnéà du souffle à tous les Savonarole sachant les exploiter. Chaque fois, l'humanité joue une triste partition. Sa répétition, toujours et toujours, est grinçante. Comme le kaléidoscope du regard de la mouche, cela donne le tournis. Cela déséquilibre et enivre. C'est souvent effroyable et glaçant.

Mais on ne sait pas faire autrement, donc on y revient. Cronenberg le montre bien ce retour de Brundle, ce retour de l'humanité face à ses peurs et ses angoisses. Comment faire autrement quand on sait que c'est cet échec initial qui a fait l'homme ? Il le rejoue et essaye d'en extraire du sens. C'est une belle métaphore philosophique ce savant devenu mouche, ce représentant officiel de la vérité se perdant dans une réalité trop grande pour lui. Et pourtant, c'est aussi dans cet effort rationnel que l'homme peut se trouver. Reste à accepter les risques. Brundle est bien le digne successeur du Dr Frankenstein. Mais lui fait corps avec le monstre, avec son humanité révélée, car il est débarrassé de l'ordre moral victorien. Pourtant, ce n'est pas si évident de se dépouiller de telles oripeaux. C'est ce que nous enseigne assez bien le film « Crash » et le scandale qu'il a suscité lors de sa sortie et de sa présentation au Festival de Cannes en 1996. Observons cela.

Crash

La monstruosité, on la retrouve dans le film « Crash ». Plus besoin de transformations extraordinaires cette fois, elle est à portée de main : sur nos routes, dans les tôles froissées, les carrosseries broyées et les vies brisées. Enfin, c'est ce qu'il paraît, car c'est plus pervers que cela, comme toujours. Qui est véritablement le monstre dans « Crash » ? Est-ce un héros plus qu'un autre ? Est-ce la sexualité trouble nourrie des blessures (cicatrices) ou encore de la fétichisation des prothèses ? Les personnages empruntés au roman de J. G. Ballard, à l'origine du film, offrent tous leurs corps comme matière première. Chair et acier vont sculpter la figure du monstre. Le film lui-même est « monstrueux ». La manière dont il a été reçu le prouve. Dès sa projection pendant le Festival de Cannes, « Crash » a agi comme les monstres exhibés dans une baraque foraine. Certains ont détourné leurs regards en dénonçant le côté « gore », la pornographie d'un spectacle affligeant et trop facile. La réprobation morale a nourri des refus moins cinéphiles. D'autres cependant ont été fascinés par cette fresque étonnante. Le président du jury du 49ème Festival de Cannes était le cinéaste américain Francis Ford-Coppola. Il annonça le soir de la cérémonie de clôture : « *A special prize for audacity, challenge and originality* ».

Nous pouvons nous aussi retenir toute l'audace de ce prix spécial. Elle n'est pas seulement dans le fait d'attribuer un prix à un film rejeté par une grande partie du public, elle est bien sûr ailleurs : dans le traitement du sujet, les intentions du film et dans ce que Coppola a reconnu par ce prix.

La monstruosité classique, notamment au cinéma, ce sont certaines modifications corporelles généralement bien codifiées. Elles accompagnent la sombre psychologie du monstre, sa morbidité. C'est un cinéma de genre. Toute une galerie de monstres s'y retrouve dont l'énumération qui en serait fastidieuse nous renverrait à la collection refusée au début de cet ouvrage. Ce qui est intéressant avec « Crash », c'est la manière même de brouiller les frontières entre les conventions morales habituelles et les tabous les plus forts. Ce film n'est pas le seul à vouloir tenter cette démarche, le cinéma de Luis Buñuel [56] aurait pu lui aussi fournir quelques exemples édifiants de monstres. Et bien d'autres… Mais « Crash » joue habilement et certainement encore plus que d'autres longs métrages sur la banalité : banalité des lieux, banalité des situations également. Et ce facteur est vraiment déterminant.

Le monstre est mis à distance dans ses exhibitions. En présentant Elephant Man dans une baraque foraine en Angleterre ou les êtres informes de Coney Island au large de New-York, le bonimenteur met en place un dispositif invitant dans tous les cas à un spectacle sulfureux. Mais c'est un spectacle où malgré la réalité des êtres exhibés, le dispositif agit comme un fusible. On en a pour son argent. On a sa dose de frayeur et d'inconnu. C'est une initiation trouble, mais sans conséquence. C'est donc un véritable spectacle, une fiction finalement. Paradoxalement, dans l'œuvre de fiction qu'est le film de Cronenberg et malgré le dispositif cinématographique, le sentiment est plus mêlé. Le malaise est plus palpable. Comme si on touchait à la réalité, celle qu'on ne veut pas voir. À l'instar de Méliès avec le merveilleux, ce qui provoque la force intense de cette représentation, c'est la monstruosité même du dispositif technique. Plus que le sujet ou le scénario, il est à l'origine des effets produits et notamment de cette ambiance étrange qui place le spectateur dans une zone grise entre la réalité et la fiction. Après des échecs commerciaux, Cronenberg abat en quelque sorte sa dernière carte en tournant « Crash » avec des moyens techniques et financiers limités. Il filme et donne à son film une esthétique qui plonge le spectateur dans une réalité banale. Nous pouvons penser à ces scènes où Cronenberg montre l'autoroute, un parking d'aéroport.

---

[56] Nous pouvons penser au célèbre film « Un Chien andalou » ou encore « Le Charme discret de la bourgeoisie ».

Ce sont des espaces que l'on peut fréquenter au quotidien. Le malaise vient aussi du fait que ce sont de tels endroits qui offrent le lieu de comportements monstrueux. L'excès ici se glisse dans la banalité.

On retrouve du reste ce que J. G. Ballard a voulu initier dans ses romans de science-fiction pour nuancer nos propos sur le sujet du film. Ballard a souvent insisté sur le fait que l'environnement dans lequel évoluent les personnages est la cause majeure de leurs modifications psychologiques. Ces lieux clos mis en scène par Ballard (comme une tour dans *IGH, Immeuble de Grande Hauteur*), ce sont aussi les espaces familiers que filme Cronenberg. De cette banalité des lieux naît alors l'idée que nous pouvons nous-mêmes les habiter. Les automobiles qui sont les autres stars du film sont celles que l'on croise sur les routes canadiennes de l'époque. C'est notre automobile ou celle du voisin. Même impression avec la fidèle réplique de la Porsche de James Dean nous faisant revivre de façon hallucinante son accident mortel. Le spectateur du film, croit être revenu sur la route de Salinas où l'acteur se tua. Pas un détail ne manque. Surtout, la mise en abime est très efficace. Comme les personnages du film assistant à la scène en tant que spectateurs assis dans des gradins, on se demande à notre tour si les cascadeurs ne sont pas effectivement morts après le choc. C'est comme si tout cela était plus vrai que la réalité elle-même. La monstruosité du dispositif technique dont nous parlions est dans ce sentiment. L'audace peut-elle donc aller jusque-là ? Le fait de poser la question est déjà un élément de réponse et souligne la force de la scène, de la mise en scène de la « monstration », du monstre lui-même que constitue ce film et de ce qu'il révèle de nous-même.

Ce que cette rapide mais nécessaire exploration dans la fabrication cinématographique, donc technique, du monstre et du monstrueux nous a apporté : c'est la confirmation de ce qui se dessinait déjà dans les trois chapitres précédents.

Il y a le monstre, irréductible, celui qui se présente face à nous. C'est celui que le médecin cherche à comprendre et à rationaliser. C'est encore le héros souvent malheureux de la création littéraire. Mais l'avantage avec le cinéma, c'est l'évidence de la mise en scène. L'importance du regard est encore à souligner. Le cinéma insiste sur l'espace, c'est sa matière première. Il le travaille avec la lumière pour y placer ses personnages. Cela nous révèle que la place qu'occupe le monstre est cruciale. Elle le définit. Nous nous méfions des collections depuis l'introduction. À juste titre ! En effet ces collections se plaisent souvent dans des cases, des tableaux sans couleurs, sans saveurs, qui se contentent de comptabiliser. Ainsi les petits monstres déposés dans le formol occupent trop sagement les étagères du laboratoire, souvent oubliés. Ils perdent en grande partie toute leur originalité et donc beaucoup de leur intérêt. La « Poupée sanglante » rangée dans un recueil universitaire peut y côtoyer d'autres bizarreries nées de l'imagination de créateurs, mais elle a perdu son lieu initial, matriciel, celui de sa création, celui du roman-feuilleton. Ce qu'il nous faut peut-être retrouver, c'est le merveilleux du cabinet de curiosités qui a su en son temps héberger les monstres avec autant d'exubérance que de discrétion : il a su apprivoiser les monstres et les merveilles. Ici se révèle toute l'importance du lieu dans lequel ils sont placés. C'est la question même de leur identité qui est ainsi posée. Pensons à ces décors qui glissent derrière les acteurs de Méliès, pensons encore à ces endroits si familiers filmés par Cronenberg. Ce sont eux qui mettent en valeur monstres et merveilles. Pensons également aux dispositifs techniques qui fabriquent du monstre et sont monstres eux-mêmes. Ces espaces, ces techniques révèlent, interrogent et mettent en perspectives ce qui relève de l'*anomalie* et devient pour certains *anormal*. Loin des collections plus ou moins anonymes, replaçons les monstruosités et les merveilles dans leurs écosystèmes sans lequel elles n'existeraient pas. Le monstre a besoin d'un « chez soi », comme vous et moi.

5

Identité du monstre

« Porc, que fais-tu ?
Je rêve aux dieux qui m'aiment. »
André Frénaud, « « Prise à partie », in *La Secrète machine*.
1963-1965, *La Sainte face*.

Nous y voilà. Loin des soucis entomologistes de ceux qui se plaisent à traquer les moutons à deux têtes, les enfants- loups et autres facéties naturelles, tout ce que nous venons de voir nous amène à faire un constat. Si la morphologie joue un rôle indéniable dans l'apparition du monstre (et du merveilleux), c'est essentiellement dans le comportement des hommes, dans leur « mise en situation » dans des lieux bien définis et identifiés qu'il nous faut aller chercher la monstruosité.

Nous avons vu les frères siamois rationalisés par la science tératologique de la famille Saint-Hilaire. Ensuite, nous avons croisé Gabriel, la poupée sanglante avec ses rouages et poulies de Gaston Leroux. Puis ce furent les Martiens collectivistes de Bogdanov et les êtres hybrides d'Ivanov, puis Polyphème le monstre cyclope et Calypso la merveille capturés par l'œil de la caméra de Méliès et enfin, Brundel la mouche, Ballard[57] le héros de « Crash » mis en scène par Cronenberg. Tous le disent et le montrent : la

[57] Il porte le même nom que l'auteur du roman qui a inspiré le film.

morphologie n'est pas seule en jeu. Certes, elle occupe une place significative mais les lieux qui la mettent en scène, bien définis, ont leur importance. Il faut encore y ajouter la conduite des hommes qui habitent quotidiennement dans tous ces lieux. Ils les humanisent en y construisant leurs existences et en leur donnant un sens moral.

Revenons donc sur nos exemples pour mieux cerner la nature réelle du monstre, ses possibilités et son devenir.

Collections savantes et embryologie

Vis-à-vis des collections, notre défiance affirmée depuis le début de l'ouvrage obéit au souci de ne pas extraire le monstre de son environnement. Classer tous les monstres comme le fait l'Histoire Naturelle en dénombrant leurs membres ou par tout autre procédé, ne pourrait avoir qu'un intérêt secondaire. Ce qui donne de l'intérêt à la démarche, c'est que la science, avec ce travail taxinomique, détermine un nouveau lieu du savoir. Lieu construit par ses propres techniques au service de son activité savante et de sa rationalité naissante. En quelque sorte, le monstre vient de conquérir un nouveau territoire. Par là même, il a gagné en importance.

Ce qui est également indéniable, c'est l'utilité de l'étude du monstre par la biologie. Après le travail classificatoire de la famille Saint-Hilaire, leurs nombreux successeurs disposent désormais d'un objet épistémologique clairement identifié. Cette tâche effectuée, ils peuvent se consacrer à l'embryologie. Cela leur permet de pouvoir faire avancer la connaissance dans ces recherches. Camille Dareste (1822-1899) fait naître au milieu du XIXe siècle la tératogénie expérimentale. Puis, Étienne Wolff (1904-1996) impose avec ses expériences la tératogenèse expérimentale dans les années 1930. Le monstre devient alors indispensable pour comprendre le développement embryonnaire. C'est en ce

sens que Nicole le Douarin dans son ouvrage *Dans le secret des êtres vivants* rend hommage à Étienne Wolff [58] et à ses travaux:
« Pour sa thèse Étienne Wolff ne fit pas de microchirurgie sur l'embryon mais ses destructions de territoires embryonnaires par les rayons X firent merveille. »

Cette « merveille » : c'est la fabrication raisonnée de monstres, de malformations déjà connues à l'état naturel. Grâce à de nouvelles techniques, elles peuvent désormais être reproduites systématiquement en laboratoire. Wolff développe alors à partir du milieu du XXe siècle une connaissance plus précise des mécanismes expliquant le vivant. Ainsi, il apporte avec ses monstres artificiels un nouvel éclairage sur la théorie de l'évolution de Charles Darwin. Il étudie des mécanismes encore mal connus, voire inconnus.

L'*anomalie* – ici créée – gagne définitivement ses titres de noblesse. Elle est entrée dans le laboratoire non comme simple objet à collecter, mais comme sujet principal de l'analyse de la vie. Sans cette *anomalie*, la compréhension du vivant serait restée bien plus fastidieuse. Ces travaux consacrent également l'idée que l'*anomalie*, placée au cœur de l'évolution définie par Darwin, est un élément essentiel de la construction des êtres vivants. En effet, l'*anormalité* n'a ici plus sa place puisque la norme, du moins dans sa représentation immuable, fixe, a disparu au profit d'une dynamique du vivant. Celle-ci retient ce qui lui permet de pouvoir continuer à exister en s'adaptant. La contribution du monstre dans les sciences biologiques du XXe siècle est indéniable.

On le voit, ceux qui détournent encore les yeux de ces manipulations d'embryons de poulet ou de caille (préférée par Nicole le Douarin) le font par incompréhension. Ils

---

[58] Nicole le Douarin, *Dans le secret des êtres vivants*, Robert Laffont, Paris, 2012.

condamnent une pratique. C'est donc cette dernière qu'ils dénoncent comme monstrueuse et le font d'un point de vue moral. Il est intéressant de noter que des travaux peuvent rester condamnés, car incarnant pour certains une déviance, une *anormalité*. Alors même que ces recherches ne font que reconnaître la place essentielle des *anomalies* du vivant dans la constitution de nos structures biologiques issues de l'évolution et toujours concernées par celle-ci. Ce constat n'est pas le moindre enseignement de cette pratique. C'est significatif.

Étienne Wolff pour ainsi dire contextualise le monstre. La tératologie au service de l'embryologie expérimentale devenue *tératogenèse* dessine un nouvel espace. C'est celui du vivant reconstitué dans le périmètre du laboratoire. À cette place et dans une telle démarche, le monstre a toute sa place. Le négatif démontre sa vraie puissance. Longtemps associé à une puissance démoniaque, considéré comme stérile et inquiétant, le monstre acquière ici une toute autre dimension. Il se met au service de la vérité car il n'est pas une simple erreur à supprimer. Il est un *écart* : un écart le plaçant finalement au cœur de la compréhension de la vie. Le monstre placé entre la vie et la mort occupe une place de choix pour l'embryologiste. Le monstre prend tout son sens dans le laboratoire. Ce qui explique pourquoi on cherche à le fabriquer, par exemple à l'aide des rayons X comme le fait Wolff. On en redemande même car il est un matériau essentiel. Nous sommes bien loin de l'art du collectionneur se contentant d'accumuler des pièces. Il est le résultat d'une technoscience. Elle a ses outils, ses protocoles, ses lieux et ses projets. Fabriquer des monstres, c'est donc fabriquer des connaissances. C'est fabriquer un savoir averti. Un savoir insistant résolument sur la *relativité* du vivant. Leçon importante !

La relativité de la norme en biologie est en effet le principe de l'évolution des vivants. On pourrait ainsi dire qu'à chaque fois qu'une lignée nouvelle apparaît, elle est le résultat d'une anomalie trouvant son avantage. Elle perdure ainsi jusqu'à ce qu'une nouvelle anomalie plus avantageuse vienne modifier la précédente. Darwin a souligné un point essentiel en montrant le rôle du milieu. Des changements s'y déroulent. Ce qui apparaît marginal à un moment peut s'avérer à plus ou moins long terme le nouvel avenir du vivant.

La tératogenèse s'instruit donc de ce qui diffère d'une norme qui reste relative et peut ainsi mieux saisir cette dernière. Le monstre prend alors une valeur considérable. Il perd son caractère maléfique, divinatoire (l'annonce d'un malheur ou la matérialisation d'une faute) pour gagner celui rationnel d'objet de science. Et quel objet ! Celui par lequel les mécanismes du vivant peuvent désormais être connus. C'est un renversement extraordinaire. Il fait de celui qui inquiétait, inspirait le rejet, celui par lequel de nouveaux espoirs sont permis dans la recherche scientifique et la santé publique.

À ce titre, dans un module de maïeutique, la tératogénèse occupe une place de choix. Pour donner un exemple concret, elle a participé à la distinction entre « caractère héréditaire » et « caractère congénital » qui, jusque dans les années trente, étaient synonymes. Cela a rendu possible de savoir quelle malformation sera oui ou non transmissible par l'hérédité. C'est donc une avancée importante dans la compréhension des phénomènes pathologiques, ainsi que dans leur prévention et l'appréhension de leur traitement.

La monstruosité ne peut cependant rester circonscrite à la biologie. Si les sciences biologiques lui donnent son statut épistémologique, elles invitent également à lui donner une extension beaucoup plus vaste. Le corps du monstre, c'est aussi le corps de l'homme. Considérant le corps, nous partons bien sûr de ses difformités. Mais au-delà du seul aspect esthétique (extériorité), cela permet de montrer que l'homme dans sa dimension existentielle est également le produit de l'aléa. L'intériorité est aussi affaire corporelle, le monstre nous l'enseigne.

À la marge

Pour paraphraser Jean-Luc Godard, en observant un cahier ouvert devant soi, chacun peut voir que si les pages tiennent entre elles et font que ce cahier existe, c'est parce que la reliure se fait par la marge : voilà toute l'importance de celle-ci et ce que nos propos précédents ont voulu montrer. Désormais, nous pouvons tenter de mieux affirmer cela en précisant les choses.

Dans les chapitres précédents, nous avons été placés en présence d'êtres fictifs ou bien réels mais toujours à la *marge*. Ils sont tous confrontés à l'erreur, ce sont tous des anomalies. Comme l'a dit Foucault dans *Dits et écrits*[59] : « À la limite, la vie, c'est ce qui est capable d'erreur ». Fidèle à l'enseignement du médecin et du philosophe Canguilhem, Foucault souligne ainsi avec ses propos ce que la recherche biologique vient de nous révéler au sujet de la monstruosité. Mais cette erreur prend une dimension bien supérieure avec les existences humaines. Elles ne sont pas réductibles au biologique. La raison humaine donne en effet un tout autre relief à ce qui est « intrinsèque » à l'homme : l'*erreur*. Cela fait de nous un être vivant « voué à errer », un explorateur attentif et toujours concerné par ses propres anomalies.

Les savants qui donnent vie à la « Poupée sanglante » en sont un bon exemple. Ils construisent ce qui s'avèrera une monstruosité en voulant explorer les mécanismes de la vie. Lointains imitateurs de Dareste et Wolff, ils cherchent dans leur laboratoire (encore) à démonter les secrets du vivant en

---

[59] Michel Foucault, *Dits et écrits*, Éditions Gallimard, Paris, 1994 ; 2001 pour la réédition Quarto Gallimard.

produisant une créature qu'ils veulent parfaite. Mais ils ont oublié le rôle de l'erreur, son caractère « intrinsèque ». Le monstre est là. Il est condamné par avance comme initiateur d'une lignée n'ayant aucune chance car se voulant parfaite. Porteur de cette erreur initiale – malheureuse –, le monstre automate ne peut qu'errer et disparaître car le milieu dans lequel il évolue le rejette. Il n'est pas adapté à lui. Et que dire d'Ivanov avec ses chimères, lui qui cherche à explorer les chemins d'une évolution dont il se veut le maître et le démiurge ? C'est l'errance dramatique et pathétique d'une science dévoyée au contact de l'idéologie et qui ne parvient même pas à créer ses propres monstres, ne pouvant que les fantasmer.

Littérature et pseudo science peuvent ici s'interpeller. C'est toujours pour aboutir au même constat. L'homme cherche à s'inventer en permanence, c'est son but. Il croit ainsi trouver des réponses à ses questions existentielles, à celles que la raison introspective ne cesse de lui poser. Il se démène avec ses savoirs et ses arts pour donner sens à ses errances. Le monstre y occupe une place de choix. Il ne peut en être autrement, puisqu'il est l'erreur initiale, celle par qui la vie est possible, celle par qui il se cherche une destinée.

François Dagognet dans un article intitulé « La nécessité du monstre »[60] revient sur la place que la monstruosité occupe dans l'art. Dagognet fait le choix du peintre Francis Bacon pour illustrer sa réflexion. Nous trouvons avec la peinture de Francis Bacon une exagération du traitement des sujets, une mise en scène du malaise, de l'horrible. C'est l'œuvre d'un créateur qui fait écho à nos précédents propos sur le cinéma de David Cronenberg. Les mots de Dagognet concernant le travail de Francis Bacon pourraient parfaitement s'adresser à l'auteur de « Crash » :

---

[60] François Dagognet, « La nécessité du monstre », *La Vie et la mort des monstres*, sous la direction de Jean-Claude Beaune, Champ Vallon, Seyssel, 2004.

« Et cette suprématie accordée au Massacre et à la mort ne doit pas occulter sa raison d'être : nous délivrer d'une sensation académique et faussée qui ouvre sur la fadeur. »[61] Plus loin, Dagognet cite Bacon lui-même : « Ce que je veux faire, écrit Bacon, c'est restituer le sujet dans le système nerveux. »[62]

C'est ce qui nous rend si sensible et attentif à l'art de David Cronenberg, à son cinéma et à son écriture. Ses films explorent nos corps, les découpent, les dissèquent, quand ils ne les cannibalisent pas comme dans son roman *Consumés*.

Nous l'avons dit au début de l'ouvrage, ce texte vient en complément d'un ouvrage intitulé *La Condition corporelle*. Ce dernier avait commencé par explorer ce que l'anatomie pouvait nous apprendre de l'homme. On partait ainsi de la matière. C'était déjà pour établir un bilan de nos travaux de recherche précédents. Nous voulions également profiter de cette longue expérience développée dans la fréquentation des anatomistes et de l'anatomie. Elle devait permettre de réaliser une enquête sur l'homme privilégiant l'étude du corps humain saisi dans sa matérialité, ses os, sa chair et ses organes. La phrase de Bacon, nous pouvons la faire nôtre. « Restituer le sujet dans le système nerveux ». Ce n'est pas qu'un projet artistique. Nous défendons avec vigueur l'idée que c'est tout autant un projet philosophique. Projet que le monstre peut nous aider à concrétiser. En effet, c'est déjà dans le corps, dans la matière qu'il s'incarne et impose sa présence.

« Je dois rendre le monde chair », ces mots de David Cronenberg sont rappelés par Jacques Brunet-Georget dans un article de la « Revue Proteus ». Le corps a trop souvent été oublié au profit d'investigations sans saveur, académiques et qui privilégient la fadeur dénoncée par Dagognet. C'est aussi pourquoi, nous ne devons pas nous

---

[61] Ibid, p.89.
[62] Ibid, p. 89.

contenter d'une analyse ne retenant que le seul sujet du film, le scénario ou le livre de J. G. Ballard pour « Crash ». Déjà, avec le cinéma de Méliès, nous avons fait un détour sur le plateau. C'était pour voir ce qui se passe derrière l'image. Comment est-elle construite ? Comment est-elle produite ? Qu'est-ce qui lui donne sa vitalité? Nous en avons conclu que l'ensemble des procédés techniques[63] eux-mêmes sont monstres. Le sujet, le thème, c'est une chose. La manière dont l'œuvre est réalisée en est une autre. Ce qui est intéressant chez Méliès, c'est ce qui préside à la création des monstres. C'est ce qui leur donne du sens. De la même manière le travail de Francis Bacon ne peut pas être compris sans que l'on s'arrête à la technique du peintre, à ses outils, à ses manies, son savoir-faire.

Ce que nous avons pu dire du laboratoire de Wolff, des techniques cinématographiques de Méliès et Cronenberg, tout cela vérifie que la monstruosité est intimement liée à la création, à la fabrication. L'esprit humain est à l'œuvre dans cette construction. On construit l'*autre absolu* pour mieux s'en distinguer. C'est vrai non seulement dans la forme (morphologie), mais c'est également et *surtout* vrai dans l'action. Le monstre accomplit ce que nous voulons placer hors de nous, le plus loin possible. Aussi longtemps, que nous chercherons à nous scandaliser, le monstre paiera. Il servira d'exutoire. Il n'est donc pas au bout de ses peines.

La nécessité du monstre

La tératogénèse a confirmé l'utilité du monstre. Si bien qu'il fallait le réinventer, du moins le produire à des fins scientifiques. De manière générale, rien ne pourrait exister sans le monstre *nécessaire*. Ce serait la leçon du parcours que nous avons initié autour de la figure monstrueuse ou merveilleuse. Le jeu qui se met en place est celui de la

---

[63] Et artistiques, sans oublier économiques.

séduction mais aussi celui de la répulsion. Dans les laboratoires de tératogénèse ou bien sur les plateaux de cinéma, ce que l'on nous dit a toujours finalement un fort contenu romanesque. C'est une aventure. Le récit prend alors toute sa dimension mythologique d'exploration. Il fait sens et donne à la monstruosité ses titres, lui confère toute sa légitimité et toute sa valeur philosophique. Le monstre est producteur de sens, la chose est définitivement admise.

L'approche esthétique, celle du peintre, de l'écrivain et du cinéaste favorise bien entendu cette démarche. Il s'agit pour eux d'explorer l'âme humaine, ses tensions et ses désirs. Choisir des monstres pour le faire, c'est ainsi choisir des personnages singuliers. Ils deviennent des « types humains » spécifiques. C'est déjà par leurs corps que ces êtres hybrides, horribles ou malformés sont abordés. Leur matérialité ainsi mise au centre du récit, c'est leur humanité qui est interrogée et, avec elle, celle de tous les hommes. Gaston Leroux fait de l'horrible Masson accusé de crimes monstrueux le bel automate Gabriel, deux types opposés et si complémentaires. À chaque fois, du fait de l'exagération le caractérisant, le héros a des comptes à rendre sur ce qu'il est, sur ce qu'il peut dire de notre humaine condition. Si la littérature populaire a souvent fait de la femme un être que l'on sacrifie, ici c'est le monstre que l'on sacrifie, qui expie pour ses fautes et surtout pour celles des autres. Il y a, à n'en pas douter, une véritable dimension *sacrée* dans la fabrique du monstre. Longtemps, il a annoncé le destin. Il a aussi été celui par lequel le destin s'accomplit. À la fin de l'histoire de Gabriel, le témoignage de la Poupée sanglante nous rappelle que ce que nous admirons tant chez l'homme : « C'est la forme de "l'informe !" ». Si nous l'admirons tant, ou la haïssons, c'est parce que cet « informe » est sûrement la partie la plus intime et aussi la plus radicale de notre être.

Cette dimension sacrée du monstre est si évidente qu'elle nous montre que la spiritualité n'aurait pas de sens sans l'horreur véhiculée par la situation monstrueuse ou la simple présence du monstre. La mythologie grecque, les textes sacrés des monothéismes témoignent de la présence du mal. Il est le plus souvent incarné par le monstre. La religion en a fait l'associé de Satan. Leibniz ne s'y est pas trompé lorsqu'il a analysé la présence du mal moral et démoniaque dans l'histoire. Il a suggéré de voir ce mal autrement que comme un simple scandale en conseillant de le comprendre. Cette présence fait sens pour le philosophe. La place qu'il donne à Judas (un monstre à sa manière) dans son analyse est significative et là pour en témoigner. Sans le crime monstrueux de la trahison de Judas, que serait devenue l'humanité, quelle rédemption restait possible ? Ce que le philosophe veut ainsi affirmer, c'est le rôle essentiel de la liberté humaine. La nécessité ne s'imposerait pas ici. C'est ce que cherche à souligner Leibniz avec la trahison de Judas. Nombreux ont été ceux qui ne lui ont pas pardonné d'avoir mis l'accent sur ce qu'ils condamnent par principe : à savoir le mal. Leibniz est-il alors définitivement coupable d'avoir voulu instrumentaliser le mal ? Sa philosophie est-elle transgressive, coupable, et ainsi monstrueuse ? Et, s'il le fallait, l'est-elle encore plus que Judas le traitre lui-même ?

Souvenons-nous que dans la pensée de Leibniz, ce que nous nommons le mal, n'est en fait qu'un moindre degré de perfection. Le négatif n'est pas le *contraire* du positif, il est défaut, erreur. Ce qui nous intéresse plus particulièrement ici, c'est le mal moral (le monstrueux) ou le péché évoqué avec Judas. Leibniz affranchit Dieu de toute responsabilité, retirant ainsi toute *nécessité* au mal moral, au péché. Cette responsabilité incombe alors entièrement à l'homme. Le mal moral est le produit de la liberté de l'homme, liberté qu'il utilise mal. Elle qui devait pouvoir le rapprocher de Dieu est en fait devenue un outil bien singulier : elle le perd tout autant qu'elle le sanctifie. Leibniz, en dédouanant,

Dieu, indique que celui-ci s'est pour ainsi dire « contenté » de créer des êtres libres portant en eux l'imperfection partagée par toutes les créatures de ce monde. C'est aux hommes ensuite d'agir et de faire avec l'incertitude les habitant le choix du bien ou du mal. Le monstre, du fait du mal qu'il inspire, ne serait donc que privation. Ce qui est manqué, c'est la perfection. Ce qui ne veut pas dire qu'elle n'est pas recherchée. De cette rapide incursion dans la philosophie leibnizienne, nous pouvons retenir la place importante faite à la liberté humaine. Que ce mal moral ne soit pas imposé par une nécessité supérieure et implacable replace ce mal dans une dimension humaine. Elle détourne de l'idée du monstre considéré comme cause du mal ou comme conséquence nécessaire du mal car il serait lié à une nécessité supérieure et implacable ne laissant aucun choix possible.

Leibniz nous interpelle donc sur l'idée de nécessité. La métaphysique leibnizienne ouvre une voie intéressante. Elle nous écarte du fatalisme et nous invite même à en élaborer une autre : une métaphysique du monstre. Elle serait alors une métaphysique du corps, bien sûr, une métaphysique de la vie biologique même. La monstruosité est inhérente à la vie, sans elle, il n'y a pas la possibilité biologique de la vie. Il en est de même pour la dimension existentielle de la vie humaine. Rien ne semble possible sans la présence du monstrueux au détour d'un récit religieux ou encore d'une œuvre d'art. Si le monstre, c'est déjà un corps difforme, c'est donc le corps qu'il faut interroger. C'est lui que nous devons placer au centre pour donner sens à la monstruosité,

Cette monstruosité possède ainsi toutes les formes de l' « informe » et nous avons bien fait de faire à plusieurs reprises la part belle aux formes inventées, modelées et sublimées par l'écriture cinématographique de Cronenberg. En effet, dans son cinéma ce qui est *uni* se *désunit*, ce qui est *structuré* se *déstructure* et, surtout, donne de nouvelles formes : formes corporelles, formes de relations entre les êtres, formes de récits. Formes *informes* et *difformes*, elles représentent une mine extraordinaire à exploiter. Dans la perspective d'une métaphysique du monstre, elles invitent à revisiter une fois encore, une véritable histoire du corps. Cette histoire est celle qui prend racines dans le biologique et la matière.

6

Regards sur le monstre

« Ces gens-là me sont insupportables avec leurs yeux ouverts comme des portes cochères ! Ne pourriez-vous pas prier le maître du café de les éloigner d'ici. »
Baudelaire, « Les Yeux des pauvres »,
in *Petits poëmes en prose*.

Lorsque nous avons rencontré le savant Seth Brundle, nous avons insisté sur le rôle clé du regard, des regards : celui porté par sa compagne sur sa mutation sans retour, mais également le regard de Brundle devenu mouche. N'oublions pas l'étymologie du mot « monstre » en latin, c'est selon le Littré : « *monstrare* », montrer. C'est pourquoi le cinéma dans ce jeu de *ressemblance* et *dissemblance* des images de monstres – au même titre que la peinture – occupe une place de choix dans notre analyse. C'est donc par l'œil que tout commence.

L'œil est un globe

Selon Nietzsche, l'apparition de l'œil fut décisive. Car l'œil, par l'intermédiaire de la vision, participe aux illusions que l'on peut se faire sur la conscience, sur le « Je ». Le philosophe commence par rappeler que ce n'est pas une intention de « vision » qui préside à la création de l'œil. Revenant sur la faute faisant confondre la cause et l'effet, il souligne que la vision est bien le résultat de l'agencement des organes la permettant. Tout cela pour bien insister sur l'erreur consistant à donner une signification outrancière à la simple phrase : « Je vois ». En effet, le fait de dire « Je » agit comme si c'était le « moi » qui était cause de cette vision :

« Poser comme *cause de la vue* une perspective de la vue : c'est le coup de maître par lequel on a inventé le "sujet ", le " moi ". » [64]

Confronté aux visions monstrueuses, l'homme ne peut être que désarçonné. Il attend de cet œil, outil *objectif*, du moins supposé tel, qu'il lui renvoie la *vérité* des faits. Et que voit-il ? Est-ce une image conforme à ce qu'il attend ? Est-elle fidèle à l'image qu'il se fait de lui-même grâce à sa conscience, à son « Je » ? Non. C'est une représentation monstrueuse de ce qu'il ne veut pas accepter d'être. C'est bien la possibilité d'être lui-même un monstre qui le heurte profondément.

Face aux diverses monstruosités corporelles, l'homme oppose alors tout un ensemble d'explications. Avant d'être rationnelles, elles sont souvent guidées par sa volonté de se démarquer de cet autre presque *innommable* tant il défie l'idée que l'on se fait de l'humanité. C'est ce que notre premier chapitre nous a montré. Ce sera ensuite au tour de la science de venir en quelque sorte rassurer celui qui se place du côté des gens « normaux » en lui fournissant les connaissances de la tératologie. Mais comme nous l'avons déjà dit, la véritable monstruosité est plus *morale* que physique : l'histoire du corps monstrueux nous l'a appris, sa mise en scène nous l'a montré. La monstruosité n'est pas là où on l'attend nécessairement : c'est beaucoup plus subtil et confirmé par Nietzsche, ici encore très précieux pour comprendre ce qui se trame.

---

[64] Nietzsche, *La Volonté de puissance*, I, §100, Traduction G. Bianqui, 26e édition, Gallimard, Paris, 1948.

Dans Le *Gai savoir*, Livre V, paragraphe 354 intitulé « *Du " Génie de l'Espèce "* », Nietzsche délivre une définition de la conscience où elle devient « un réseau de communications entre hommes. » En regard des philosophies du sujet, elle y perd de sa splendeur, certains n'y voyant qu'un simple reflet du corps. Nietzsche, lui, préfère insister et souligner que : « La vie entière pourrait passer sans se regarder dans ce miroir de la conscience [...] »[65] Encore l'œil, la vision et le miroir ; et que nous apprennent ces mots ? Que l'homme avec sa conscience ne rencontre que lui-même, qu'il ne cesse de se rencontrer comme *sujet* dans les objets qui constituent le monde. D'où cette angoisse dans la perception de la monstruosité : elle lui apparaît littéralement comme un scandale, une faute, une trahison. Poursuivons.

La conscience correspond au contenu que les hommes échangent donc entre eux : leurs idées, leurs sentiments, leurs sensations, leurs émotions. Elle devient ainsi un produit de la vie sociale et comme nous le savons, celle-ci exige conventions, règles, savoir vivre et donc bonnes manières. Il est alors intéressant de s'interroger sur l'origine de cette conscience et les conditions de son émergence. Elle est « le résultat d'une terrible nécessité qui a longtemps dominé l'homme, le plus menacé des animaux. » Pour ainsi dire, le corps reprend le pouvoir : nous sommes des animaux et il faut désormais comprendre ce que les « reflets » de notre conscience ont pu produire comme images déformées. Il y a longtemps que nous avons oublié que l'œil était premier et nous avons préféré nous illusionner des nombreux « reflets » qu'un réseau de communications nous renvoyait. Alors, nous nous sommes mépris sur nous-mêmes et sur notre monde. C'est ainsi que nous avons produit nos propres monstruosités. Nous les

---

[65] Nietzsche, *Le Gai savoir*, Livre V, §354, Traduction A. Vialatte, Gallimard, Paris, 1950.

avons toutes générées en croyant que les images pouvaient être *objectives* et nous les avons *subjectivées*. Nous avons ignoré ce qu'était la pensée dans sa totalité en niant son origine corporelle. La pensée est le produit de la vie biologique. Nous la partageons avec les animaux malgré les spécificités bien humaines dont nous l'avons dotée. La différence que nous pouvons trouver avec les animaux se situe dans les modalités mises en place pour répondre à nos différents besoins. Ainsi les animaux ont l'instinct et l'homme la conscience selon Nietzsche. Ce constat, il est nécessaire de l'examiner avec soin. Il explique pourquoi le monstre a souvent été considéré comme un intermédiaire entre l'homme et l'animal. Elephant Man : tout est dit !

La pensée consciente n'épuise pas l'ensemble de la vie psychique, elle ne correspond en fait, insiste Nietzsche, qu'à l'activité qui se développe dans la vie en société. Son développement et son existence même se trouvent alors conditionnés dans l'émergence du langage articulé : c'est-à-dire la création et l'usage de signes conventionnels dotés de signification utilisés par l'homme pour exprimer ses idées à autrui. L'activité psychique n'est donc pas le propre de l'homme, mais le fait de « toute créature vivante ». La part inconsciente de la pensée se trouve ainsi masquée par la volonté qui s'exprime dans ce qui n'est qu'une pensée parcellaire : la pensée consciente. Tous les éléments sont désormais en place afin de développer cette métaphysique du monstre annoncée et mieux souligner le rôle de celui-ci au sein d'une humanité se plaisant à s'illusionner sur sa véritable nature. Le monstre ne serait-il pas la part obscure de notre bonne conscience ?

Si l'on pense au texte de Foucault précédemment cité qui mettait « l'erreur » au début de toutes les organisations biologiques, on retrouve cette idée que la vie elle-même est une *erreur*. Cette dernière doit être entendue en termes de « richesse », de richesse biologique. Dans ce foisonnement biologique des êtres vivants, et singulièrement l'homme, le monstre a toute sa place. Il ne peut pas faire exception, car il est un des éléments constitutifs même de cette vie, de sa possibilité.

Ce que la conscience définie par Nietzsche ne supporte pas, c'est le regard que la présence du monstre nous fait porter sur nous-même. Nous voulons seulement voir un objet singulier, monstrueux, et pourtant nous ne pouvons éviter ce reflet, ce miroir tendu à notre propre subjectivité. Et qui parle de nous. C'est ainsi toute la force du regard de Brundle : son regard de mouche ne peut pas être saisi par nous. Physiologiquement, les yeux de l'insecte sont trop différents : ils ont une *objectivité* incompréhensible. Le scandale est d'autant plus grand et l'image renvoyée fait exploser les cadres habituels de reconnaissance d'autrui et de soi-même. Pour ainsi dire, cette monstruosité saisie par notre conscience, nous l'imaginons alors multipliée par le kaléidoscope des yeux de la mouche. C'est comme si nous prenions *conscience* de notre origine animale et que pour une fois, la conscience échouant à rendre compte de ce qu'elle veut subjectiver, elle se découvrait pour ce qu'elle est selon Nietzsche : un simple réseau de communications entre des êtres humains qui ont besoin les uns des autres.

Dans son analyse du film de Cronenberg, Dylan Trigg revient sur la mutation du corps du savant en insistant tout particulièrement sur la voix : « La voix qui nous répond lorsque nous regardons un autre individu droit dans les yeux nous rassure sur notre humanité. »[66] Cette voix participe directement du langage articulé, mais cette voix vacille et disparait.

Cette disparition, c'est également en grande partie la rupture des liens de « communications » défini dans *Le Gai savoir*. Ce lien partiellement rompu, l'homme retrouverait peut-être l'usage de sa pensée profonde et animale décrite

---

[66] Dylan Trigg, *opus* cité, p. 103.

par Nietzsche. Est-ce à dire une pensée monstrueuse ? C'est ce que semble bien craindre Dylan Trigg car plus loin il ajoute : « L'horreur que l'on ressent tout au long du film de Cronenberg est avant tout provoquée par la rupture avec ce corps phénoménologique et le retour du cartésianisme. »[67] Le phénoménologue de l'horreur y voit alors une « double trahison » :

- Celle du corps « vénéré par la phénoménologie » : le corps propre serait irrémédiablement agressé. Brundle, dépossédé de son corps propre, verrait ainsi la destruction progressive de sa chair, et ne pourrait alors que se sentir étranger à ce processus.
- « De ce doute émerge alors le cauchemar cartésien, celui d'un corps fantôme lié à la subjectivité uniquement par association et par habitude. »[68] La Poupée sanglante aurait bien des choses à nous dire sur ce corps fantôme… N'est-ce pas plutôt le sujet délié du corps qui offre toutes les caractéristiques du fantôme ? C'est ce que nous préférons affirmer.

Reste que pour le phénoménologue, la disparition du sujet apparaît ici comme la preuve que le corps serait « hors du temps ». La lecture de Nietzsche nous a tout au contraire donné à penser que c'est bien le corps qui appartient au temps et qu'il ne peut pas s'en extraire, fusse le temps mécanique de l'horloge de la Poupée sanglante. C'est ce que révèlent aussi la vision monstrueuse et le surgissement du merveilleux dans nos vies comme le montrent Cronenberg dans son cinéma et Lewis Carroll qui fait passer son héroïne Alice de l'autre côté du miroir. C'est une piste très intéressante. À notre tour, allons voir.

---

[67] Ibid, p. 104.
[68] Ibid, p. 104.

Miroirs

Le lapin nous avait pourtant prévenus, nous allons être en retard : le temps de fêter un non-anniversaire et de regarder Alice devenir minuscule avant que de regrandir démesurément. Le merveilleux des aventures d'Alice agit bien à rebours au sens de Canguilhem. Si cette fantaisie n'était pas pensable, comment la vie des hommes serait-elle possible ? Pouvons-nous imaginer notre monde et notre existence sans les histoires fabuleuses d'*Alice au Pays des Merveilles* ? Non.

Derrière le miroir, c'est au-delà de la communication habituelle des hommes. C'est au-delà des conventions qui régissent nos sociétés. C'est ce qui est indispensable à nos vies. Lewis Caroll a su, dans la suite des aventures d'Alice, aller encore plus loin dans ce renversement des normes et des valeurs. Courir pour rester sur place, voilà bien un défi à la hauteur de ce qui se trame derrière le miroir. Ce qui est proposé est une redécouverte de ce qui fait la vie des hommes, une relecture du sens des choses et de l'existence. C'est littéralement monstrueux et merveilleux car cela échappe au regard qui cherche à subjectiver et normaliser ce qui lui est proposé. C'était déjà le cas avec *Alice au pays des merveilles*, lorsqu'Alice a suivi le Lapin blanc dans son terrier.

Du reste, une première version du roman s'adressait à un public adulte. Elle mettait déjà en perspective ce qu'est une crise identitaire lorsqu'un sujet est confronté à une rupture des liens habituels de communications entre les hommes. Il se retrouve face à une conscience altérée, du moins face à un monde qu'il peine à reconnaître. La reprise du premier manuscrit pour en faire un livre à destination des enfants favorise les aspects merveilleux de ce pays imaginaire, mais ne change en rien ce questionnement du sujet face à ce qu'il peine à comprendre : ainsi Alice doit être très attentive comme lors de sa rencontre avec les frères Tweedeldee et Tweedeldum qui passent leur temps à la contredire et à questionner sa propre logique. Alice est aussi confrontée à des changements physiques qui rendent son corps plastique et relativise son identité. Ce sont encore des dialogues où elle peine à trouver une once de rationalité. Et puis, les merveilles cachent également leurs envers : la monstrueuse cruauté de la Reine de cœur en est la manifestation la plus fameuse. Rêve ou cauchemar alors ?

Si Antonin Artaud a traduit certains passages du texte, la réponse à notre dernière question est peut-être à trouver chez lui qui, comme Alice, est passé de l'autre côté du miroir[69]. Dans *Le Théâtre et son double*, avant de relater une épidémie qui sévit à Marseille en 1720, Artaud décrit avec ses mots le rêve – ou cauchemar – du vice-roi de Sardaigne qui voit son État ravagé par la peste : « Sous l'action du fléau, les cadres de la société se liquéfient. L'ordre tombe. Il assiste à toutes les déroutes de la morale, à toutes les débâcles de la psychologie, il entend en lui le murmure de ses humeurs, déchirées, en pleine défaite, et qui, dans une vertigineuse déperdition de matière, deviennent lourdes et se métamorphosent peu à peu en charbon »[70] Hallucinante description qui mêle les désordres de la société, du corps politique et du corps physique du souverain lui-même. Les deux corps sont emportés par une maladie monstrueuse qui les détruit. C'est une maladie implacable qui altère les hommes jusqu'à les transfigurer et à les rendre monstrueux. Les pages qui suivent parlent d'un corps bouleversé en son intérieur et à sa surface. Description clinique et baroque qui mène le lecteur auprès des bûchers où des familles se battent pour placer leurs morts et où les corps des pestiférés vont finir par se

[69] Nous pensons à son hospitalisation dans un hôpital psychiatrique.

[70] Antonin Artaud, *Le Théâtre et son double*, Gallimard, Paris, 1965, réédition de 1991, Folio Essais, p. 22.

consumer avant que la ville ne se vide de tous ses habitants. Place est alors laissée à un carrousel tragique et morbide fait de rues encombrées de cadavres et de puanteur.

Tout cela pour affirmer que : « Le théâtre comme la peste est une crise qui se dénoue par la mort ou par la guérison. » Et plus loin : « [...] l'action du théâtre comme celle de la peste, est bienfaisante, car poussant les hommes à se voir tels qu'ils sont, elle fait tomber le masque, elle découvre le mensonge, la veulerie, la bassesse, la tartufferie »[71].

La peur, la grande peur, voilà ce qu'Artaud place à « la base de tout le théâtre ancien » et plus précisément la « grande peur métaphysique »[72]. Il oppose alors le théâtre oriental qui assumerait cette dimension métaphysique au théâtre occidental qui lui se perdrait dans la psychologie exacerbée par une mise en scène apprêtée, ringarde et sans relief. Comme nous l'indiquions avant dans cet ouvrage, le monstre (et son double le merveilleux) mérite une mise en scène à la hauteur. Artaud nous indique la voie à propos du théâtre, comme Bacon l'a fait à propos de la peinture et Cronenberg à propos du cinéma. Lacenaire en son temps, nous a montré que le crime s'accommodait mal de la poésie. Mais pourtant, la poésie dans sa dimension métaphysique a beaucoup à voir avec le mal. Ce n'est pas Baudelaire qui apportera contradiction sur ce point. C'est la psychologie rabougrie de son époque qui a dénoncé les poèmes du recueil *Les Fleurs du mal*. Nombre de critiques engoncés dans leurs préjugés et leur psychologie faite de convenances et de bien-pensance sont passés à côté de Baudelaire, de sa profondeur et de sa métaphysique. Gustave Bourdin dans « Le Figaro » du 5 juillet 1857 dénonce un livre où « [...] jamais on n'assista à une semblable revue de démons, de fœtus, de diables, de chloroses, de chats et de vermines. Ce

---

71 Ibid, p. 46 pour les deux citations.

72 Ibid, p. 65.

livre est un hôpital ouvert à toutes les démences de l'esprit, à toutes les putridités du cœur ; encore si c'était pour les guérir, mais elles sont incurables [...] » Et de s'émouvoir de « semblables monstruosités », comme si l'indignation morale suffisait à établir l'intelligence... Rien ne change !

Artaud, Baudelaire, Cronenberg... Le corps propre est-il abandonné à la pourriture, à la salissure métaphorique de la phénoménologie ? « Je propose donc un théâtre où des images physiques violentes broient et hypnotisent la sensibilité du spectateur pris dans le théâtre comme dans un tourbillon de forces supérieures. »[73] Artaud ne parle pas directement de « monstres », mais il évoque un théâtre se débarrassant radicalement de la « psychologie » pour raconter « l'extraordinaire ». C'est un théâtre qui met en scène des « forces naturelles et subtiles » et se présente comme « une force exceptionnelle de dérivation ». Il est inspiré par la danse et les transes des Derviches et se réfère à un théâtre qui fait appel aux forces les plus enfouies, les plus *primitives* diraient certains, les plus *démoniaques* diraient Bourdin et ses successeurs actuels. Les mêmes qui ont conspué à l'envi le prix spécial pour Cronenberg en 1996 à Cannes, pourraient reprendre les mots de notre critique de 1857. Aux mêmes maux, les mêmes remèdes pour les hygiénistes moraux qui restent toujours incapables de comprendre le rôle éminent de la transgression.

Le monstre est transgressif et il a la capacité du théâtre appelé par Artaud qui consiste à réveiller en nous les « nerfs » et le « cœur ». C'est en ce sens qu'il critiquait un cinéma « qui nous assassine de reflets » et qui reste trop « filtré par la machine »[74]. Reflets, miroirs, apparences, regards, tout ce vocabulaire est au centre de notre analyse. Il permet effectivement de bien saisir ce que le monstre – *monstrare* – peut nous évoquer. Mais nous devons rester

---

[73] Ibid, p. 128.
[74] Ibid, chapitre « Le théâtre et la cruauté », p. 131.

loin du simple voyeurisme qui détourne le spectateur vers le spectacle facile sinon grossier (et l'exhibition du monstre comme Elephant Man en fait partie). Artaud nous renvoie vers les « nerfs » et le « cœur ». Le peintre Bacon à son tour voudra restituer « le sujet dans le système nerveux ». Et on pourra dire de David Cronenberg qu'il veut « rendre le monde chair », comme on l'a vu précédemment, défiant ainsi les réticences d'Artaud vis-à-vis du cinéma. Le sens donné par Artaud à la cruauté est le même que celui que Cronenberg a voulu donner à ses personnages victimes ou initiateurs de cette cruauté. Il faudrait reprendre son film « A History of violence » à ce propos. Moins emblématique (sur la monstruosité) que « La Mouche » ou « Crash », ce film est cependant significatif de ce que la monstruosité peut représenter avec d'autres personnages plus ordinaires.

Artaud, dans son dispositif théâtral, pense également à des techniques de mise en scène : par exemple le son oppressant succédant au silence. Ce sont des solutions qui cherchent dans tous les cas à rendre plus efficace le contenu du message poétique. Il cite d'ailleurs d'autres mises en scène pour mieux illustrer son intention : les tableaux de Grünewald ou de Hieronymus Bosch. Ainsi pour retrouver l'esprit, c'est la vie au sens biologique qui est éprouvée par Artaud. Il parle alors d'une remise en cause organique de l'homme, seule à même de lui donner enfin la possibilité de retrouver la réalité, une réalité débarrassée des oripeaux d'une psychologie cherchant à maintenir une *convenance.* C'est en ce sens que de manière plus générale, nous pensons que le monstre pareillement débarrassé de cette même convenance offre alors l'occasion d'une réflexion plus profonde, moins psychologique, mais métaphysique.

Possibilité originale, car ce qui peut encore paraître inhumain aux yeux d'Artaud, et en particulier la cruauté, devient humain (trop humain ?) avec la monstruosité. Quand Artaud donne des éléments concrets à la création du théâtre qu'il appelle de ses vœux, il parle par exemple des masques. Il les place sur le même plan que certaines images verbales. Il s'agit de rendre *extraordinaires* ces différentes formes singulières, et cela afin de leur conférer un pouvoir expressionniste puissant, mais surtout *concret*. À l'inverse, ce qui est normalement figuré sera caché, escamoté. Nous voyons là une préfiguration de ce que Cronenberg mettra en œuvre dans « Crash ». Nous sommes en présence d'une méthode qualifiant ce que la monstruosité peut ainsi posséder comme pouvoir poétique. Mais encore, nous voyons là toute la dimension métaphysique de cette mise en scène, de cette révélation du pouvoir de ce qui est mis hors du réseau habituel de communications des hommes vivant en société. Ainsi ce qui se révèle à nous, c'est la dimension métaphysique du monstre (et du merveilleux). Elle est indéniable.

Le Lapin blanc peut se lamenter de son retard, Alice ne le prendra jamais en défaut. Et lorsque l'on passe de l'autre côté du miroir, c'est pour trouver un cœur qui bat, un souffle qui nous manque. Car on court le plus vite possible pour rester sur place et éprouver ainsi, ce que l'espace et le temps d'une vie rythmée par les conventions, ont de vain. Dans cette négation de l'espace et du temps, Artaud verrait peut être un dispositif mettant en valeur des affirmations aussi essentielles que celle qu'il expose dès le début du recueil *L'Ombilic des rêves*, la voici : « La vie est de brûler des questions ».[75]

La question posée par la monstruosité, le merveilleux, est sans nul doute une des questions les plus ressassées. Elle fait appel au spectaculaire et peut aussi satisfaire nombre de collectionneurs. Elle occupe ainsi une place de choix, voire essentielle, mais elle est restée trop souvent superficielle car victime de son côté spectaculaire. Le Grand Guignol est jubilatoire et le monstre du docteur Frankenstein peut être

---

[75] Antonin Artaud, *L'Ombilic des rêves*, Gallimard, Paris, 1927.

ainsi décliné de l'horreur au comique, à l'image du majordome de la famille Addams[76]. Mais ne nous y trompons pas : elle questionne la définition même de l'humanité.

---

[76] Le personnage du majordome Lurch dans « The Addams Family », série télévisée créée par David Levy, ABC, USA, 1964-1966.

Conclusion monstrueuse et merveilleuse

« Démons et merveilles
Vents et marées
Au loin déjà la mer s'est retirée
Et toi. »
Jacques Prévert, « Sables mouvants », in *Paroles*.

L'avenir du monstre

Ne nous trompons pas sur nos réflexions précédentes. Le spectaculaire de la monstruosité (ou du merveilleux) n'est pas fait pour être simplement *cultivé*. Ce serait une impasse. Ce que le monstre permet, c'est l'interrogation du physique (tératologie et tératogénèse) et le questionnement de la métaphysique (philosophie, religion, art...). Dans les deux cas, nous voyons une occasion de sortir d'une approche purement émotionnelle et surtout très moralisante. Cette tendance est largement répandue. C'est en effet ce que nous montre quotidiennement (et à tout propos) nos médias qui sont devenus des spécialistes dans ce genre d'exercice.

Jouer à se faire peur en approchant le monstre est une futilité sans profondeur. C'est précisément un jeu dans lequel on peut toujours faire appel à la règle stipulant que « ce n'était pas la réalité » : à l'image des jeux enfantins où, à la fin, les morts peuvent se relever. Ce que les approches systématiques et rationnelles des sciences tératologiques montrent, c'est une véritable prise de distance qui signifie précisément l'inscription de l'activité du monstre dans le réel. Étienne Wolff fabrique les monstres et les anomalies qui lui permettent des expériences nécessaires pour faire avancer les connaissances en embryologie. Aux poulets cyclopes créés dans son laboratoire nous renseignant sur le physique, la matière, peut alors répondre le cyclope de Méliès qui, par sa poésie retrouvée, nous amène à des interrogations métaphysiques. Le point sur lequel nous voulons insister pour terminer, c'est cette revalorisation du physique. Il est important dans la représentation de la monstruosité, mais il ne doit pas être mal considéré, mal compris. Il ne doit pas être simplement regardé en surface. Il deviendrait alors une simple déviance, une curiosité fournissant un prétexte aux exhibitions.

Dans ses propos sur le théâtre, Artaud est ainsi amené à préciser sa thèse d'un « théâtre de la cruauté ». Il le fait avec ces mots : « Et, sur le plan de la représentation, il ne s'agit pas de cette cruauté que nous pouvons exercer les uns contre les autres en nous dépeçant mutuellement les corps, en sciant nos anatomies personnelles, ou, tels des empereurs assyriens, en nous adressant par la poste des sacs d'oreilles humaines, de nez ou de narines bien découpés [...] ». L'aspect « gore » ne suffit pas à rendre compte de la cruauté, car ce n'est pas celle-ci qui est visée et il le dit en terminant sa phrase : « [...] mais de celle beaucoup plus terrible et nécessaire que les choses peuvent exercer contre nous. »[77] Artaud est pour un théâtre qui retrouve le sens des mythes (comme Polyphème chez Méliès) car c'est le seul moyen pour lui de sauver l'homme d'une destruction programmée.

De manière générale, ce que la monstruosité permet, c'est un questionnement incisif du monde dit *objectif* et de toutes ses apparences. Ceux qui rabaissent le travail de Cronenberg dans « Crash » à la facilité du « gore » qui ne

---

[77] Antonin Artaud, *Le Théâtre et son double*, opus cité, p. 123.

cherche qu'à choquer, ne voient pas cette dimension interrogative essentielle. Comme nous l'avons dit en commentant précédemment ce film, Cronenberg filme des lieux ordinaires : un monde fait de béton, d'autoroutes et d'aéroports. Lorsque la monstruosité se glisse dans ce cadre par l'intermédiaire de tôles froissées encore fumantes, par l'apparition de prothèses fétichisées par la sexualisation de la femme qui les porte, alors Cronenberg met en évidence un trait qui permet de s'affranchir de l'ordinaire *subjectif* de nos représentations du monde. Le surgissement soudain de l'acte monstrueux, de la représentation monstrueuse, du corps monstrueux fournit l'occasion du questionnement évoqué par Artaud que nous reprenons à notre compte. Ce que cette mise en scène du monstrueux rend possible, c'est le questionnement sur nous-même. Et pas en tant que simple individualité, mais comme membre d'une espèce dont nous peinons, dans ces occasions, à dessiner les contours, à parvenir à les figer. La monstruosité, c'est une énergie biologique qui remodèle les aspects du vivant. Le monstre systématisé par la tératologie nous parle de ce foisonnement du vivant, de ces anomalies parfois sans lendemain en nous rappelant que nous ne sommes qu'une anomalie qui a perduré. Le cinéma de Cronenberg et l'art en général donnent à ce juste questionnement une intériorité métaphysique qui fait la richesse de la réflexion. Le projecteur accroche d'autant mieux les corps qu'ils sont monstres et c'est certainement le meilleur moyen de pouvoir s'adresser à l'âme si le sujet fait l'effort nécessaire de sortir de son simple dégoût ou de sa seule réprobation morale. En écho à nos propos de l'introduction, cela nous montre aussi que le monstre n'est pas cette occasion rêvée de donner un lieu au mal, de le circonscrire afin de l'exorciser.

Le mal mis à distance, voilà qui serait pratique, mais qui reste vain. En effet, ce qui serait réellement épouvantable et monstrueux, ce serait une société qui cherche à se mentir sur la vraie réalité du monstre. Le moyen utilisé depuis longtemps a été d'en faire l'incarnation absolue du mal, celui par qui le malheur tant redouté arrive. Les plus viles superstitions ont prospéré sur ce terreau de la dénonciation du mal enfin reconnu. On a vu que la théologie, le droit, associés à la science avaient tenté de combattre avec plus ou moins d'efficacité ces égarements.

Mais le meilleur moyen de se mentir sur la monstruosité serait de la cantonner à son aspect spectaculaire et de ne voir chez ceux qui osent l'affronter que « des bateleurs de foires aux monstres ». Le résultat est double. On enferme alors les monstres et ceux qui les montrent dans un genre que l'on peut minimiser et marginaliser. Certains peuvent d'ailleurs s'en accommoder très bien pour des raisons commerciales et donc financières, leur seul but. Mais consciemment ou non, ils participent ainsi à ce refus de voir ce que la monstruosité dont ils font commerce a de si important. À ce titre, il est très intéressant de voir comment de manière conjointe sinon coordonnée, une société peut laisser le « gore » envahir l'espace publique – tout en le condamnant hypocritement – et demander aux universités de médecine de cacher soigneusement les reliquats des collections tératologiques. Les raisons invoquées relèvent de l'hygiène et de la sécurité. Mais ne nous y trompons pas, on voit bien que derrière cet argument, il y a bien d'autres refus. Le monstre est ainsi manipulé, nié. C'est bien là justement la perspective avérée d'une société littéralement monstrueuse.

Ce qui est inhumain, c'est de réfuter la réelle potentialité offerte par la monstruosité, car c'est oublier ce qui fait la vie, c'est refuser de s'interroger. On fait de la psychologie, on aseptise, on moralise. On créé le *monstre absolu*, celui qui discrédite les anomalies. Pour prendre une langue célinienne, on pourrait alors parler d'une mentalité de *boutiquier*, mais de boutiquier exerçant à l'heure de la mondialisation triomphante et de son meilleur associé, le néo-libéralisme. Là, pas de discussion possible : on nous vend par exemple un idéal olympique, une hygiène du corps censés nous éloigner de toutes les monstruosités possibles. Et pourtant, on reste béats devant les listes des records mondiaux et olympiques alignés comme des énumérations de constituants pour des préparations pharmaceutiques. On cherche la mort de la mythologie, une nouvelle fois. On s'acharne sur la bête, toujours, au nom de la norme et on tue la bête, fut-elle poétique…

Tout ce qui reste de réellement vivant dans l'art, les sciences, la philosophie doit combattre cette manière de ravaler la vie à son expression commerciale et rentable. Il faut se défier de cet utilitarisme qui consiste à raisonner en occultant ce qui reste pour lui à la marge. Notre réflexion sur les monstres et les merveilles participe à ce combat. Réaffirmer le rôle positif du monstre, c'est chercher à éviter une société monstrueuse, inhumaine, celle que Lewis Caroll a si bien montrée dans le miroir du « Pays des merveilles ». Ce miroir, il a su nous le tendre, alors faisons-en bon usage. Inversement, prendre conscience de tout cela, c'est affirmer que le monstre, dans sa diversité et ses différents lieux, doit avoir un avenir pour notre pensée. C'est précisément à ce prix que nous échapperons à un avenir monstrueux pour en construire un autre vraiment plus humain, à défaut d'être merveilleux. Un tel projet doit savoir refuser la chimérique perfection des utopies dont nous avons parlé dans cet ouvrage. Encore une fois, il ne s'agit pas de nous tromper sur la vraie nature du monstre. Cette mise en garde vaut plus que jamais dans nos sociétés actuelles, si promptes à dénoncer le mal sous toutes ses formes avec fracas, mais où les occasions pour les hommes de le commettre, et parfois avec bonne conscience, restent toujours si *possibles*. Un projet de ce genre pourrait donc offrir un avenir où l'anomalie a toute sa place, où les écarts à une norme imposée ne doivent pas être dénoncés, mais considérés comme des occasions sociales, politiques et poétiques de pouvoir progresser vers une vie plus humaine.

Bibliographie

Artaud Antonin, *L'Ombilic des rêves*, Éditions Gallimard, Paris, 1927.

Artaud Antonin, *Le Théâtre et son double*, Éditions Gallimard, Paris, 1965, réédition de 1991, Folio Essais

Bacon Francis, *La Nouvelle Atlantide*, GF-, Flammarion, Paris, 1995.

Baudelaire Charles, *Les Fleurs du mal*, Poulet-Malassis et De Broise Libraires Éditeurs, Paris, 1857.

Beaune Jean-Claude, sous la direction de, *La Vie et la mort des monstres*, Champ Vallon, Seyssel, 2004.

Bernard Jean, *Le Sang et l'Histoire*, Buchet/Chastel, Paris, 1983.

Bogdanov Alexandr, *L'Étoile Rouge, L'Ingénieur Menni*, Lausanne, L'Âge d'Homme, 1985.

Bogdanov Alexandr, *Red Star. The first Bolshevik Utopia*, Bloomington Indiana University Press, 1984.

Canguilhem Georges, *La Connaissance de la vie*, p.173, Vrin, Paris, 1980.

Campanella Tommaso, *Civitas solis*, Francfort, 1623.

Capek Karel, *La Guerre des salamandres*, Éditions Cambourakis (trad. C. Ancelot), Paris, 2012.

Carroll Lewis, *Alice's Adventures in Wonderland*, Macmillan and Co, Londres, 1869.

Carroll Lewis, *Through the Looking-Glass, and What Alice Found There*, Macmillan and Co, Londres, 1871.

Courtine Jean-Jacques, *Le Désenchantement des monstres*, Éditions Jérôme Million, Grenoble, 2002.

Douarin (le) Nicole, *Dans le secret des êtres vivants*, Robert Laffont, Paris, 2012.

Foucault Michel, *Les Anormaux*, Cours au Collège de France, 1974-1975, Hautes Études, Seuil / Gallimard, Paris, 1999.
Foucault Michel, *Dits et écrits*, Éditions Gallimard, Paris, 1994.
Hugo Victor, *Notre-Dame de Paris*, édition de 1988 sous la direction de Michel Simonin, Le Livre de Poche, Paris, 1988.
Lecourt Dominique, *Contre la peur*, Hachette, Paris, 1ère édition, 1990 ; 2e édition, Quadrige, Paris, 2007.
Lecourt Dominique, sous la direction de, *Dictionnaire de la pensée médicale*, PUF, Paris, 2004.
Leibniz, Discours de métaphysique, J. Vrin, Paris, 1983.
Leroux Gaston, *La Poupée sanglante*, deux tomes, Le Livre de Poche, Paris, 1976.
Lucrèce, *De la nature*, Livre cinquième / 824-860, Éditions GF- Flammarion, Paris, 1964, p. 178.
Martin Ernest, *Histoire des monstres, depuis l'Antiquité jusqu'à nos jours*, Précédé de *Le désenchantement des monstres* par J.-J. Courtine, Édit. J. Million, Grenoble, 2002.
More Thomas, *Utopia,* Louvain, 1516.
Nietzsche, *Le Gai savoir*, Livre V, §354, Traduction A. Vialatte, Gallimard, Paris, 1950.
Nietzsche, *La Volonté de puissance*, I, §100, Traduction G. Bianqui, 26e édition, Gallimard, Paris, 1948.
Paré Ambroise, *Livre traitant des Monstres & Prodiges*, 1573 pour l'édition originale, p. M.XX édition Pierre de Tartas, Centre Culturel du Moulin de Vauboy, 91 Bièvres, imprimé en Allemagne.
Pline l'Ancien, *Histoire naturelle*, édition et choix d'Hubert Zehnacker, Folio classique, Éditions Gallimard, Paris, 1999.
Saint Hilaire Geoffroy, Isidore, *Histoire générale et particulière des anomalies de l'organisation chez l'homme*

et chez les animaux, comprenant des recherches sur les caractères, la classification, l'influence physiologique et pathologique, les rapports généraux, les lois et les causes des monstruosités, les variétés et vices de conformation, ou traité de tératologie, J.B. Baillière, Paris, 1832-1836, 3 vol. in - 8° et atlas.
Tort Patrick, *L'Ordre et les monstres*, Syllepse, Paris, 1988.
Trigg Dylan, *The Thing. Une phénoménologie de l'horreur*, Éditions MF, 2017.
Voltaire, *Dictionnaire philosophique*, Éditions de Kehl, 1784-1787.
***Wolff** Étienne, La Science des Monstres,* Gallimard, Paris, 1948.
***Wolff** Étienne, Les Chemins de la Vie,* Hennann, Éditeur, Paris, 1963.

Articles

Bourdin Gustave, « Le Figaro » du 5 juillet 1857.
Dagognet François, « La nécessité du monstre », in *La Vie et la mort des monstres*, sous la direction de Jean-Claude Beaune, Champ Vallon, Seyssel, 2004.
Etkind A., *Stud Hist Philos Biol Biomed Sci.* 2008 Jun.; 39 (2): 205-10. Epub 2008 Mai 16.
Wolff Étienne, « *Les malformations engendrées par les altérations chromosomiques chez l'Homme* », Revue de l'Enseignement Supérieur, n° 3, pp. 67-76,1964.

Filmographie

Cronenberg David, « Crash », produit par D. Cronenberg, 1996.
Cronenberg David, « A History of violence », « Une Histoire de violence », produit par New Line Cinema BenderSpink Media II Filmproduktion München &

Company New Line Productions, 2005.
Cronenberg David, « The fly », « La Mouche », production 20th Century Fox, co-scénarisé avec Charles Edward Pogue 1986.
Lang Fritz, « Metropolis », film de 1927 produit par la UFA, adaptation du roman de Thea von Harbou.
Méliès Georges, « L'île de Calypso ou Ulysse et le géant Polyphème », « The mysterious island », 1905, 3'36.

Sommaire

Structures éditoriales du groupe L'Harmattan

L'Harmattan Italie
Via degli Artisti, 15
10124 Torino
harmattan.italia@gmail.com

L'Harmattan Hongrie
Kossuth l. u. 14-16.
1053 Budapest
harmattan@harmattan.hu

L'Harmattan Sénégal
10 VDN en face Mermoz
BP 45034 Dakar-Fann
senharmattan@gmail.com

L'Harmattan Cameroun
TSINGA/FECAFOOT
BP 11486 Yaoundé
inkoukam@gmail.com

L'Harmattan Burkina Faso
Achille Somé – tengnule@hotmail.fr

L'Harmattan Guinée
Almamya, rue KA 028 OKB Agency
BP 3470 Conakry
harmattanguinee@yahoo.fr

L'Harmattan RDC
185, avenue Nyangwe
Commune de Lingwala – Kinshasa
matangilamusadila@yahoo.fr

L'Harmattan Congo
67, boulevard Denis-Sassou-N'Guesso
BP 2874 Brazzaville
harmattan.congo@yahoo.fr

L'Harmattan Mali
Sirakoro-Meguetana V31
Bamako
syllaka@yahoo.fr

L'Harmattan Togo
Djidjole – Lomé
Maison Amela
face EPP BATOME
ddamela@aol.com

L'Harmattan Côte d'Ivoire
Résidence Karl – Cité des Arts
Abidjan-Cocody
03 BP 1588 Abidjan
espace_harmattan.ci@hotmail.fr

L'Harmattan Algérie
22, rue Moulay-Mohamed
31000 Oran
info2@harmattan-algerie.com

L'Harmattan Maroc
5, rue Ferrane-Kouicha, Talaâ-Elkbira
Chrableyine, Fès-Médine
30000 Fès
harmattan.maroc@gmail.com

Nos librairies en France

Librairie internationale
16, rue des Écoles – 75005 Paris
librairie.internationale@harmattan.fr
01 40 46 79 11
www.librairieharmattan.com

Librairie l'Espace Harmattan
21 bis, rue des Écoles – 75005 Paris
librairie.espace@harmattan.fr
01 43 29 49 42

Lib. sciences humaines & histoire
21, rue des Écoles – 75005 Paris
librairie.sh@harmattan.fr
01 46 34 13 71
www.librairieharmattansh.com

Lib. Méditerranée & Moyen-Orient
7, rue des Carmes – 75005 Paris
librairie.mediterranee@harmattan.fr
01 43 29 71 15

Librairie Le Lucernaire
53, rue Notre-Dame-des-Champs – 75006 Paris
librairie@lucernaire.fr
01 42 22 67 13

www.ingramcontent.com/pod-product-compliance
Lightning Source LLC
LaVergne TN
LVHW051353061026
849535LV00009B/3154
* 9 7 8 2 3 4 3 1 4 7 9 2 5 *